共筑清水梦

U0167354

河长实务手册

龚海杰　李明　周新民　等　著

中国水利水电出版社
www.waterpub.com.cn
·北京·

内容提要

本书以广州市河长制实践中积累的好经验好做法为载体，以"立足本市、带动全省、辐射全国"为出版目的，对河长制工作主要方面进行提纲挈领式的梳理，将各级河长的工作职责和主要工作内容，从若干河长制文件中剥离、分类、重组，做到一一对应。同时，对广州控源理念、治水思路进行了详细介绍。本书旨在帮助各级河长深入了解河长制工作要求，在知道做什么的同时，也了解为什么这样做。从工作实际出发展示推进河长制的实践成果和创新。

本书适合各级河长阅读，可为广东省及全国河长制工作开展提供借鉴和参考。

图书在版编目（CIP）数据

河长实务手册 / 龚海杰等著. -- 北京：中国水利
水电出版社，2020.12
　　ISBN 978-7-5170-9301-5

　　Ⅰ. ①河… Ⅱ. ①龚… Ⅲ. ①河道整治－责任制－中
国－手册 Ⅳ. ①TV882-62

中国版本图书馆CIP数据核字(2020)第269267号

书　　名	河长实务手册	
	HEZHANG SHIWU SHOUCE	
作　　者	龚海杰　李明　周新民　等　著	
出版发行	中国水利水电出版社	
	(北京市海淀区玉渊潭南路1号D座　100038)	
	网址: www.waterpub.com.cn	
	E-mail: sales@waterpub.com.cn	
	电话: (010) 68367658 (营销中心)	
经　　售	北京科水图书销售中心 (零售)	
	电话: (010) 88383994、63202643、68545874	
	全国各地新华书店和相关出版物销售网点	
排　　版	北京金五环出版服务有限公司	
印　　刷	天津嘉恒印务有限公司	
规　　格	170mm×230mm　16开本　9.75印张　147千字	
版　　次	2020年12月第1版　2020年12月第1次印刷	
印　　数	0001—5000册	
定　　价	60.00元	

《河长实务手册》
撰写人员

龚海杰　李　明　周新民　黄　俭
刘钰澐　禤倩红　程晋彪　陈　熹
高　辉　朱文玲　李绍华　陈大萍
鲍　彪　柏　啸　麦　桦　李景波
杜冬阳　余　方　赖碧娴　黄宇扬
徐剑桥　张　威

将"共筑清水梦"打造成系列丛书的灵感来源于 2020 年年初出版的《共筑清水梦》一书,《共筑清水梦》带着河长漫画形象走出广州,去往佛山、东莞,走出广东,去往广西、海南、内蒙古……其出版引起了良好的社会反响,其新颖的形式和内容受到同行们的喜爱,收获业内人士的推崇。

近年来,我们联合广州市志愿者、民间河长推动河长制进校园、进社区,在政府履职、社会监督、公众参与等各方面多管齐下打造"共筑清水梦"治水主题 IP,致力于让河长制治理理念、治理成效深入民心。

"共筑清水梦"紧紧遵循"人民城市人民建,人民城市为人民"的思想,致力于打造共建共治共享社会治理格局的美好愿景,体现了人民对"清水绿岸""鱼翔浅底"幸福宜居环境的向往和追求,更体现了我们奋勇前行建设"美丽中国",夙兴夜寐追寻"中国梦"付出的努力。随着河长制工作的不断深入、扩展,我们将在"共筑清水梦"主题下持续发力,不断总结、提炼,力争为读者带来更多务实、精彩的系列好书。出版丛书是筑梦的开始,更是通往梦想彼岸的路径,体现的是广州久久为功、同心筑梦的诚意与决心。为此,我们还在路上……

广州市河长制办公室

2020 年 12 月

"每条河流要有'河长'了"——习近平总书记 2017 年新年贺词中的铿锵话语言犹在耳。这是情系民心的庄严承诺，也是全面推进河长制的冲锋号令。河长制湖长制能否实现从"有名"向"有实"转变，向"有能""有效"深化，河长湖长履职担当是关键。广州市出版的《河长实务手册》就是要从河长湖长履职担当入手，发挥河长示范领治作用，上至顶层设计，下至村约民规，将"担当和能力"渗透到河湖管理的方方面面。

　　广州市探索河长制始于 2014 年，在《南粤水更清行动计划》，51 条河涌率先尝试设置河长，至 2017 年，广州市全面推行河长制，全市河湖均建立了四级河长管理体系；2018 年，《广州市总河长令》第 2 号、第 3 号相继出台，创新设置九大流域河长和网格长（员），形成多级河长管理架构。在河湖管理方面更是覆盖了四千余宗小微水体，管到"毛细血管"。广州不断自我加压，不断摸索前行，经过多年打磨，始"琢玉成器"，取得"名实相副"的佳绩。如果说《河长实务手册》介绍的内容体现的是广州践行"全面推行河长制"以及"水利行业强监管"的"实招硬招"，那《河长实务手册》的正式出版则体现了广州探索"管服并重"的主动作为，是"刚柔并济"的转型之作。

　　"涓涓细流，终汇江海"。《河长实务手册》凝结了广州治水智慧，带着"育树成林"的殷殷期盼，定能为广大读者，特别是广大河长们带来启发，定能提升

河长制工作人员的管理水平和专业能力，定能强化全民爱河护水的责任意识。期
待此书能成为全国河长制工作者的"工作宝典""傍身利器"，与广州一起，携
手撒下筑梦的种子。

是为序。

中国工程院院士 王浩

2020 年 12 月 24 日

按照中央全面推进河长制工作部署，自2017年3月《广州市全面推行河长制实施方案》出台以来，广州市积极推动河长制落地生根，取得了扎实成效。但在快速推进河长制的过程中，也曾受制于河长履职担当不够、业务能力不强等实际问题，部分河长履职一度流于形式，履职行为不规范、履职质量不高，守护河湖安澜、剿灭黑臭水体进程遇到瓶颈。所谓"工欲善其事，必先利其器"，广州市河长制办公室及时总结发现问题，将遇到的问题、制定的对策、实施方法和实施效果等提炼总结并撰写成册，历经七百多个日夜，数易其稿，最终形成《河长实务手册》这本"工作字典、履职利器"。

通过编制《河长实务手册》，将河湖相关法律法规、污染源、黑臭水体等专业知识普及化，工作职责清晰化，工作任务具体化，提高河长对河长制工作的认识与理解，解决河长对污染源危害不明的问题，帮助河长做好履职工作，提升业务能力和工作水平。同时，通过对河湖治理的措施和成效分析，明确控制岸上污染源对黑臭河涌治理的重要性；通过对河长管理的策略和经验总结，明确河长管理是河长制的源头管理的思路，以此指导河长积极、认真、高效开展工作，让河长明白最重要的履职工作就是控源和管理。

本手册分为综述篇、巡河篇、管理篇、实践篇、长效篇5个篇章。综述篇阐明河长工作职责与治水理念；巡河篇介绍各类水质问题识别方法，帮助河长开展日常工作；管理篇分析广州河长管理体系形成的思路与策略；实践篇是广州河长管理体系践行的经验分享；长效篇就河涌消除黑臭后，如何深化管理，保持河涌"长治久清"进行了探讨。5 个篇章从政策层面、技术层面、意识层面、管理层面等引导河长深入做好履职工作，助力各级河长办更好地开展管理工作。

全书的撰写修订工作历时近两年，其间，随着广州市河长制工作的深入推进，笔者对书稿内容进行了进一步完善。本书在编撰过程中得到了广州市各级河长办、市水务局相关职能部门的大力支持，在此一并表示衷心的感谢！

由于水平有限，书中难免存在疏漏，敬请广大读者批评指正！

作者 于广州

2020 年 12 月 29 日

总序

序

前言

1 | 综述篇
ZONGSHU PIAN

　　本篇对河长制工作的主要方面进行提纲挈领式的梳理，将各级河长的工作职责和主要工作内容，从相关河长制文件中提炼、分类、重组，做到一一对应。同时，对广州控源理念、治水思路进行详细介绍（见图 1.1）。本篇旨在帮助各级河长深入了解河长制工作的要求，让各级河长在知道做什么的同时，也了解为什么要这样做。

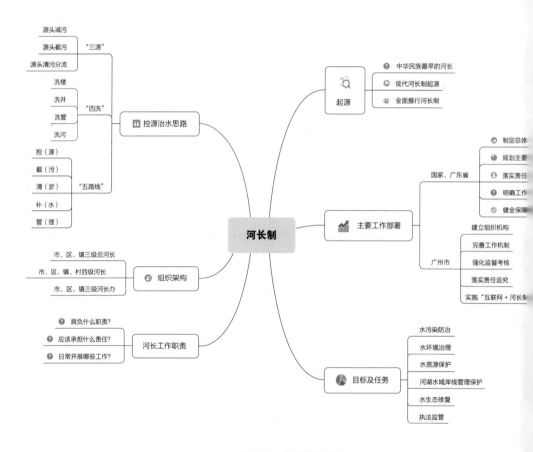

图 1.1　综述篇导读图

1.1 河长制起源

兴水利、除水害是治国安邦的大事，也是人类生存发展的永恒课题。我国河长制的起源可追溯至远古的尧舜时期，传说中的鲧、禹便是中华民族历史上可考的最早的"河长"。

据《史记·夏本纪》记载，帝尧统治时期，水灾害民，鲧被推举为治水责任人。鲧承袭前人经验，建设堤防保护村落和农田，历经九年兢兢业业治水仍不能平息水患，后来禹继承父亲鲧的遗业，担起了天下第二位河长的重任。为治平洪水，禹深入实地考察，研究治水之理，最后采取了疏导洪水和排涝两大措施，终平水患，还留下了"三过家门而不入"的美谈。

我国历史上治水领域也是能人辈出。战国时期著名水利专家李冰领导兴修了闻名世界的都江堰，至今仍发挥着巨大的灌溉效益。北宋时期著名文学家苏轼任杭州刺史时，就曾疏浚西湖、堆筑长堤，造福百姓。元代郭守敬主持修灌渠、建水闸、兴漕运。清朝年羹尧对黑河流域实行"分级管理"。一代又一代的治水人物传承大禹治水精神，优秀"河长"不胜枚举。

我国现代河长制一般认为是首创于江苏省无锡市。2007年，太湖蓝藻大面积暴发，引发江苏省无锡市水危机，中共无锡市委办公室、无锡市人民政府办公室印发了《无锡市河（湖、库、荡、氿）断面水质控制目标及考核办法（试行）》（锡委办发〔2007〕82号），成为全国第一个明确实行属地行政首长负责制下的河长制的城市。河长制实施后效果明显，无锡境内水功能区水质达标率大幅提升，太湖水质也显著改善。无锡市的河长制创新在江苏省得到推广，2008年，江苏在太湖流域全面推行"河长制"。其后，北京、上海、深圳、浙江等地纷纷效仿和借鉴，开始通过河长制开展河湖治理，河长制的作用和价值进一步凸显。2016年11月28日，中共中央办公厅、国务院办公厅印发了《关于全面推行河长制的意见》（厅字〔2016〕42号），要求各地区各部门结合实际认真贯彻落实，两年之内全面建立河长制。由此，河长制在全国各地全面推行。

1.2 河长制工作部署

1.2.1 中央决策部署和工作安排

江河湖泊具有重要的资源功能、生态功能和经济功能，与国家的长远发展及战略布局息息相关。近年来，党中央、国务院高度重视水安全和河湖管理保护工作，着眼于治水大局，印发了《关于全面推行河长制的意见》（厅字〔2016〕42号）、《关于在湖泊实施湖长制的指导意见》等一系列决策文件（厅字〔2017〕51号）。

提出"全面推行河长制，构建责任明确、协调有序、监管严格、保护有力的河湖管理保护机制，为维护河湖健康生命、实现河湖功能永续利用提供制度保障"的治水指导思想，对全国各地有效推进河（湖）长管理制度具有高度的指导作用，对关于生态文明建设、环境保护的总体要求和水污染行动计划具有十分重要的意义。各地深入贯彻落实中央各项政策及工作部署，狠抓落实，因地制宜地制定全面推进河（湖）长制工作方案，陆续出台了省、市级推行河长制的指导意见，主要工作部署如下。

一是明确了河湖管理的总体目标和主要责任主体，提出了河长制的组织形式。各地方政府结合地方实际情况，灵活、全面建立省、市、县（区）、镇（街）、村（居）多级河长组织体系，县级及以上河长设置相应的河长制办公室。明确各级河长的主要职责，统筹区域河湖的组织领导、决策部署、考核监督等工作，协调解决河湖管理的重大问题。

二是规划了河湖管理的主要任务。河湖管理主要以水资源保护、河湖水域岸线管理保护、水污染防治、水环境治理、水生态修复、执法监管为主要任务。各地方政府结合当地实际情况进一步细化、完善，构建责任明确、协调有序、严格监管、保护有力的河湖管理保护机制，实现河湖功能的有序利用。

三是落实了保障措施，健全责任、监督考核、公众参与等机制。建立河长履职责任机制，提出县级及以上河长需对下一级河长进行考核，考核结果作为地方党政领导干部综合考核评价的重要依据。各地方政府进一步细化河长监督考核指标，强化问题整改，严格监督追责。同时推行社会监督，拓宽社会监督和宣传引导渠道，主动接受公众监督，不断强化全社会对河湖保障的责任和意识。

1.2.2 广州市工作要求

按照中央、广东省河湖治理及河长制工作部署，2014年，广州市初步建立"市－区－镇（街）－村（居）"四级河长制，2017年，中共广州市委办公厅、广州市人民政府办公厅印发了《广州市全面推行河长制实施方案》（穗办〔2017〕6号）、《广州市河长制考核办法》（穗河长办〔2017〕47号）、《广州市水环境治理责任追究工作意见》（穗办〔2018〕10号，全面推行河长制，以解决黑臭水体为重点，实施控源、截污、清淤、补水、管理等综合措施，完善河湖治理体系。在维护河湖健康生命，实现河湖功能永续利用方面，广州探索出一条符合地方实际的科学治水发展道路。

（1）建立统一联动组织机构，完善工作机制。

一是建立流域为体系、网格为单元的河长责任体系。在市、区、镇（街）、村（居）四级河长的基础上，增设流域河长和网格长，形成以流域为体系、网格为单元的"河长领治、上下同治、部门联治、水陆共治"的良好工作格局，以及横向到边、纵向到底，全覆盖、无盲区的河长责任体系。市级成立市河长办，负责全市河长制实施工作；区级成立区河长办，负责全区河长制实施工作。

二是明确指定各级河长主要责任。市级河长职责侧重于治理工作的组织、协调、督促、检查；区级河长侧重于治理工作的组织实施、经费保障、监督检查；镇（街）级河长侧重"管"，主要负责河涌及排水设施维护、河涌保洁、污染源查控工作；村（居）级河长侧重于"查"，主要负责日常巡查、发现问题、上报问题以及配合上级河长、相关职能部门开展工作。通过各级河长会议制度统一联动和决策部署，共同推进广州市河长制工作全面落实。

（2）强化问责监督考核制度，夯实河长履职。

河长制能不能取得成效，考核是关键，广州市强调把治水成效作为干部考核的重要内容，抓实督促检查工作。

一方面，充分发挥人大监督和政协参政议政的重要作用，形成河湖管理保护的合力。各区、镇（街）党委政府要建立河长制会议制度、信息共享制度、工作督察制度，推进技术创新，构建"互联网＋河长制"工作机制，协调解决河湖保护重点、难点问题，定期通报河湖管理保护情况，对河长制实施情况和河长履职情况进行督察。各级河长制办公室要加强组织协调，督促相关部门按照职责分工，共同推进河湖管理保护工作。

另一方面，不断强化考核问责，传导治水压力。完善河长制考核办法及问责机制，将各级河长制实施情况纳入全面深化改革以及最严格水资源管理制度考核，考核结果作为地方党政领导干部综合考核评价的重要依据。实行生态环境损害责任终身追究制。市河长制办公室组织实施对各区河长制落实情况的考核，各区河长制办公室组织实施对镇（街）级河长的考核，镇（街）级河长组织实施对相应村（居）级河长的考核。

积极鼓励引导公众参与，聘请民间河长，开展党员认领河湖活动，提高党员、群众的参与度。建立水务微信投诉系统，畅通投诉举报渠道。加强河湖管理宣传教育，增强河湖保护意识。加强社会宣传，与周边城市密切协调联动，形成全民参与治水、人人珍惜保护水环境的良好氛围。

（3）落实治水责任追究，推进水环境治理。

2015年，国务院出台了"水十条"，提出要整治城市黑臭水体，明确要求2017年年底前实现河面无大面积漂浮物、河岸无垃圾、无违法排污口，2020年年底前完成黑臭水体治理目标。

《广州市水环境治理责任追究工作意见》（穗办〔2018〕10号）在坚持问题导向、扎紧治水责任追究制度笼子的前提下，首次填补了全市水务系统治水责任追究工作的制度空白。落实责任首先在于细化责任，把黑臭水体治理、城市内涝治理、农村生活污水治理等纳入水环境治理工作框架，进一步明确治水主体的工作职责，规范启动责任追究的条件、程序和方式，为强化水环境治理责任追究、倒逼水环境治理工作提供纪律保障，督促各级河长充分履行职责，在水环境治理工作中发挥作用，不断推动全市水环境治理工作整体上台阶。

（4）"互联网＋河长制"，助力河长制名实相副。

2017年9月9日，根据"互联网＋河长制"要求，广州市在广东省内率先开启"掌上治水"，开发完成了广州河长管理信息系统。该系统创新搭建了"PC端、APP端、微信端、电话端、门户网站"五位一体的监管平台，构建了"12345"河长管理体系架构。系统着力推动河长制从"有名"向"有实"转变，通过建立"河段－河长－问题（盆）－水质（水）"四个强关联关系，以服务河长、管理河长为目标，以"日常管理、预警管理、分级管理、调度管理"四种管理为抓手，助力"形式履职、内容履职、成效履职"三种履职细化工作措施，让河长制长出"牙齿"，力促广州市河长制从全面建立到全面见效，实现名实相副。

水环境治理是一场攻坚战，也是一场持久战。基于中央、省、市各级政府的政策指导，如何让广州河长制从"有名"向"有实"转变，从全面建立到全面见效，需要各级河长，乃至全社会共同增强责任担当，强化治水护水意识。

1.3 目标及任务

2014 年广州市初步建立四级河长制，2017 年 9 月上线广州河长管理信息系统。近年来，依托"互联网＋河长制"信息化手段，广州市在河涌污染整治和城市建成区黑臭水体治理工作上取得了重大成效。2018 年 10 月，广州市作为广东省唯一代表城市顺利入围 2018 年 20 个全国黑臭水体治理示范城市，成功退出生态环境部通报的"水环境达标滞后地区"行列；截至 2019 年 12 月，广州纳入国家监管平台的 147 个黑臭水体已全部实现消除黑臭。考核断面方面，同年 1—10 月，12 个国考、省考断面全部消除劣 V 类，国考鸦岗、大坳、东朗 3 个断面水质均由劣 V 类提升为 Ⅳ 类，增江口、官坦、蕉门 3 个断面水质上升一个类别，黑臭水体水质整体上得到持续改善，全市河湖环境质量稳步提升。按照广州市总体目标，2020 年年底，广州全市地表水质优良（达到或优于 Ⅲ 类）率需达到 61.5%，基本建立河湖保障长效机制，2030 年年底，全市地表水质进一步提升，基本建成平安绿色生态水网。

根据《中共中央办公厅 国务院办公厅印发＜关于全面推行河长制的意见＞的通知》（厅字〔2016〕42 号）以及《水利部 环境保护部关于印发贯彻落实＜关于全面推行河长制的意见＞实施方案的函》（水建管函〔2016〕449 号）等文件要求，中共广州市委办公厅、广州市人民政府办公厅印发了《广州市全面推行河长制实施方案》（穗办〔2017〕6 号）和《广州市湖长制实施方案》（穗文〔2018〕4 号），明确了广州市河长制的六大任务。

1.3.1 水污染防治

加强水污染防治是广州市河长制工作的首要任务。强化水污染防治，要明确河湖水污染防治目标和任务，统筹水上、岸上污染治理，完善河湖排污管控机制和考核体系。排查入河湖污染源，加强综合防治，严格治理工矿企业污染、城镇生活污染、畜禽养殖污染、水产养殖污染、农业面源污染、船舶港口污染，改善水环境质量。优化河湖排污口布局,实施入河湖排污口整治。为加快推进水污染防治行动,广州市以国务院印发的《水污染防治行动计划》(国发〔2015〕17号)为河湖治理的重要依据,推进河长制各项工作落实。

1.3.1.1 水污染防治目标

(1)到2020年年底广州全市水环境质量得到阶段性改善,污染严重水体较大幅度减少,划定地表水环境功能区划的水体基本消除劣 V 类。

(2)到2020年年底,广州全市污水处理能力达770万 m^3/d,公共污水收集处理系统基本完善,城镇污水处理厂进水氨氮年平均浓度达到23.6mg/L,全市城市污水处理率达到95%以上,广州市广佛跨界河流域城镇建成区污水基本实现全收集、全处理。

(3)到2020年年底,各区规模畜禽养殖废弃物处理设施装备配置率达到95%以上,其中大型规模养殖场废弃物(粪污)处理设施装配率提前一年达到100%,畜禽粪污资源化利用率达到75%以上,畜禽废弃物综合利用率达到75%以上。

(4)持续开展农药化肥使用量零增长行动,严格控制农药化肥用量,确保广州市在低于3397t的基础上逐年减少,化肥使用量在低于10.98万 t 的基础上逐年减少。

1.3.1.2 水污染防治任务

(1)制定国考、省考断面,跨行政区交接断面,以及重要水功能区水质达标方案并组织实施,确保完成各断面和重要水功能区的水质达标考核任务。

(2)统筹水上、岸上污染治理,排查入河湖排污口及污染源,建立数据库,完善管控机制;实施供排水一体化、排水户全覆盖和入河湖排污口挂牌三项管理,落实"重点河湖一日一查,其他河湖一周一查""主干排水收集设施一日一查,其他设施一周一查",全力整治非法排水行为,封堵非法排污口,控制新增排污口。

（3）狠抓工业污染整治，清理取缔"十小"企业，专项整治水污染重点企业，强化工业园水污染治理。深化畜禽和水产养殖污染防治工作，依法关闭或搬迁禁养区内的畜禽养殖场和养殖专业户。加强船舶港口污染控制，依法强制报废超过使用年限的船舶，杜绝港区垃圾、废水直排水域。

（4）强化城镇生活污染治理，按照规定完成城镇污水处理设施建设与改造任务。

1.3.2　水环境治理

加强水环境治理，要强化水环境质量目标管理，按照水功能区确定各类水体的水质保护目标。切实保障饮用水水源安全，开展饮用水水源规范化建设，依法清理饮用水水源保护区内的违法建筑和排污口。加强河湖水环境综合整治，推进水环境治理网格化和信息化建设，建立健全水环境风险评估排查、预警预报和响应机制。结合城市总体规划，因地制宜地建设亲水生态岸线，加大黑臭水体治理力度，实现河湖环境整洁优美、水清岸绿。以生活污水处理、生活垃圾处理为重点，综合整治农村水环境，推进美丽乡村建设。

1.3.2.1　水环境治理目标

（1）到2019年年底，基本完成全市"散乱污"场所"升级改造一批"工作，"整合搬迁一批"工作取得阶段性进展，9月底前基本完成"散乱污"工业企业（场所）清理整治工作，年底前完成对"散乱污"场所的关停取缔；到2020年年底，全面完成全市所有街镇整合搬迁和升级改造工作，"散乱污"场所清理整治行动全面通过验收，形成较完善的控源、截污、纳管的水污染源头控制体系。

（2）到2020年年底，各区全面剿灭黑臭水体并实现"长治久清"，完成全市黑臭水体治理目标。

（3）到2020年年底，实现农村生活污水处理率达75%以上，完成新建和升级改造乡村公厕345座，建立乡村公厕巡回保洁制度，粪便无害化处理率达 100%，建立农村生活垃圾收运处理体系。

1.3.2.2 水环境治理任务

（1）强化水环境质量目标管理，定期向社会公布未达标水体水质达标方案，对水质不达标的区域实施挂牌督办。

（2）切实保障饮用水水源安全，开展饮用水水源规范化建设，依法清理饮用水水源保护区内违法建筑和排污口。

（3）推进水环境治理网格化和信息化建设，建立健全水环境风险评估排查、预警预报与响应机制。

（4）加大黑臭水体治理力度，落实"涌边三包（包卫生保洁、包控违拆违、包截污纳管），守水有责"。

（5）推进美丽乡村建设，加快推进农村生活污水、垃圾收集处理设施建设。

1.3.3 水资源保护

加强水资源保护，要落实最严格水资源管理制度，严守水资源开发利用控制、用水效率控制、水功能区限制三条红线，强化地方各级政府责任，严格考核评估和监督。实行水资源消耗总量和强度双控行动，阻止不合理新增取水，切实做到以水定需、量水而行、因水制宜。坚持节水优先，全面提高用水效率，水资源短缺地区、生态脆弱地区要严格限制发展高耗水项目，加快实施农业、工业和城乡节水技术改造，坚决遏制用水浪费。严格水功能区管理监督，根据水功能区规划确定的河流水域纳污容量和限制排污总量，落实污染物达标排放要求，切实监管入河湖排污口，严格控制入河湖排污总量。

1.3.3.1 水资源保护目标

（1）到 2017 年年底，建立覆盖全市各区用水总量控制，用水效率控制和水功能区限制纳污考核指标体系、考核办法。

（2）到 2019 年年底，大坳断面水质保持Ⅳ类，鸦岗、东朗、石井河口断面水质分别达到Ⅳ类、Ⅲ类和Ⅴ类，其他断面水质保持稳定，水质优良比例不低于 61.5%，劣Ⅴ类水体控制比例降为 0；到 2020 年年底，全市水功能区水质达标率达到 75%，13 个地表水水质优良（达到或优于Ⅲ类）比例不低于 61.5%，丧失使用功能（劣Ⅴ类）水体断面比率为 0，城市集中式饮用水水源水质全部达到或优于Ⅲ类，农村饮用水水源水质基本得到保障，全市水面率不低于 10.15%。

（3）到 2020 年年底，全市年总用水量控制在 49.52 亿 m³ 以内；万元国内生产总值用水量比 2015 年下降 20%，万元工业增加值用水量比 2015 年下降 27%；农田灌溉水有效利用系数提高到 0.51。

（4）到 2020 年年底，高耗水行业达到先进定额标准；基本完成大中型灌区续建和节水改造任务。

（5）常态化开展农家乐服务业环保监督与执法，督查农家乐按要求配套并有效运行污染处理设施，力争 2020 年年底全市有效经营农家乐 100% 环保达标排放。

1.3.3.2　水资源保护任务

（1）落实最严格水资源管理制度，通过考核评估监督各级政府落实责任。

（2）实行水资源消耗总量和强度双控行动。

（3）坚持节水优先，强化工业节水，加强城镇节水，抓好农业节水。

（4）加强水环境功能区管理监督，核定水域纳污能力，强化水环境功能区水质监测，严格排污许可证管理，严格控制排污总量。

1.3.4　河湖水域岸线管理保护

加强河湖水域岸线管理保护，要严格水域岸线等水生态空间管控，依法划定河湖管理范围。落实规划岸线分区管理要求，强化岸线保护和节约利用。严禁以各种名义侵占河湖、围垦湖泊、非法采砂，对岸线乱占滥用、多占少用、占而不用等突出问题开展清理整治，恢复河湖水域岸线生态功能。

1.3.4.1 水域岸线管理保护目标

（1）到 2020 年年底，基本完成市、区水行政主管部门直管的国有河湖管理范围和水利工程管理与保护范围的划定工作，并依法依规逐步确定管理范围内的土地使用权属。

（2）到 2020 年年底，珠江广州河段、流溪河、白坭河干流自然岸线保有率达到省定标准，有效遏制乱占乱建、乱倒乱排等违法行为，基本建立河湖管理保护长效机制。

1.3.4.2 水域岸线管理保护任务

（1）严格水域、岸线等水生态空间管控。

（2）推进编制河湖岸线管理利用规划，落实规划岸线分区要求，严格涉河湖建设项目管理，落实水域占补平衡制度，禁止覆盖、填埋河湖水域，实现水域面积只增不减。

（3）按照坚决"止新"、全力"清旧"、"四必拆"（群众反响大形成社会矛盾的必拆、侵害公共利益的必拆、影响交通和道路安全的必拆、涉及非法经营的必拆）、"五先拆"（新增或在建的先拆、危害防汛安全程度严重的先拆、社会反响大的先拆、便于推进河涌整治项目的先拆、违法建设主体是集体或企业的先拆）的要求，持续开展珠江广州河段、流溪河、白坭河干流堆场综合整治，以及河湖管理范围内的违法建设专项整治，恢复河湖水域岸线生态功能。

1.3.5 水生态修复

加强水生态修复，要推进河湖生态修复和保护，禁止侵占自然河湖、湿地等水源涵养空间。在规划的基础上稳步实施退田还湖还湿、退渔还湖，恢复河湖水系的自然连通，加强水生生物资源养护，提高水生生物多样性。开展河湖健康评估。强化山水林田湖系统治理，加大江河源头区、水源涵养区、生态敏感区保护力度。积极推进建立生态保护补偿机制，加强水土流失预防监督和综合整治，建立生态清洁型小流域，维护河湖生态环境。

1.3.5.1　水生态修复目标

到 2020 年年底，森林覆盖率达 42.5%。

1.3.5.2　水生态修复任务

（1）以广州市主要河湖为重点，强化江河源头和水源涵养区生态保护，加强生态公益林建设，在河湖岸线建设植被缓冲带和隔离带。

（2）以流溪河流域为重点，开展河湖健康评估，建立和完善河湖生态补偿机制。

（3）加强湿地建设，加大水生物自然保护区和水产种质资源保护区保护力度，开展水生生物增殖放流，改善水生态系统。

（4）落实生产建设项目水土保持"三同时"制度，加大水土流失预防监督和综合整治力度，水土流失面积只减不增。

1.3.6　执法监管

强化执法监管，要建立健全法规制度，加大河湖管理保护监管力度；建立健全部门联合执法机制，完善行政执法与刑事司法衔接机制。建立河湖日常监管巡查制度，实行河湖动态监管。落实河湖管理保护执法监管责任主体、人员、设备和经费。严厉打击涉河湖违法行为。执法监管目标与主要任务如下：

（1）加强立法工作，修订和完善水资源节约和保护、河湖管理、排水管理等法规制度。

（2）强化属地负责的执法责任，落实河湖执法监督责任主体、人员、装备和经费，健全水务、环保、公安、城管、农业、海事、港务等部门河湖联合执法机制，完善行政执法与刑事司法衔接配合机制。

（3）落实河湖、排水设施管理责任主体，按定额足额落实河湖、排水设施维护经费，积极推行管养分离和购买专业化、社会化服务，做到责任全落实、人员全到位、巡查维护全覆盖；加强对河湖、排水设施动态监控，做到问题早发现、早制止、早处理。

（4）建立河湖违法案件督办制度，开展年度专项执法行动，坚决清理整治非法取水、排污、设障、捕捞、养殖、采砂、采矿、围垦、侵占水域岸线等活动。

1.4 治水思路及实践

坚持源头管控不仅是广州治水的重要举措，也是广州治水的破局创新之作，是践行生态文明建设思想的重要体现。全面推行河长制以来，广州积极采取"控源、截污、清淤、补水、管理"多管齐下的治理方针，坚定地明确了"问题在水里，根源在岸上，关键在源头"的治水思路，重拳首先打在污染源上，切实开展源头治理，大力开展违法排水整治、"散乱污"场所专项治理、岸上污染源排查清除、污水收集处理系统建设等黑臭水体治理工作，从根源切除水体黑臭问题隐患，实现水污染科学治理。

1.4.1 广州市水污染问题及成因

近几年广州市河涌水生态环境得到一定改善，部分整治河涌实现了水清、水满、水动的效果，但随着工业化、城市化进程的加快，工业、农业、生活排污总量加大，局部区域水污染物排放量超过水生态环境的承载能力。截至 2020 年 4 月底，广州市共排查出黑臭河涌共 197 条，总河长 699 千米，主要涉及广州 10 个行政区，分布在九大流域。黑臭水体严重影响了广州的社会经济发展，水生态环境安全压力不断增大。

（1）"散乱污"企业屡禁不止。广州市低产值、高能耗、高排放的工业企业仍然大量存在，现代服务业在第三产业中的占比不高，农业集约化和生态化水平也相对较低，致使产污负荷居高不下，污染减排的压力较大。未达标水体所在河段内，仍存在劳动密集型、重污染和低端落后产业，结构型和格局型污染尚未有效解决，无证无照、偷排偷放行为屡禁不止。"小散乱"工业企业具有分布散、工艺差、污染重、隐蔽深等特点，主要分布在城乡接合部、行政区域边界等环境复杂区域和偏远山区、农村地区等监管盲区，管理薄弱，对环境影响很大。它们要么已存在很多年了，正逐步接受淘汰，要么藏在民房里面悄悄生产，但它们对环境的危害却不可小觑。尤其是城中村非居民排水户、"小散乱"工业企业管理不到位，排水户污水偷排、直排河涌严重，违法排污问题十分猖獗。

以"三无"（即无工商营业执照、无生产许可证、无排污许可证）洗车店为例，它们没有规范的排污系统，洗车产生的脏水大多直接流到周边地面或沟渠。表面看，似乎只是污染了水环境；但当地面晒干后，来往车辆一碾，就会形成大量扬尘，污染空气。还有些洗车店同时违规经营着修车业务，如露天喷漆，喷漆释放的挥发性有机物，经阳光照射，就容易与大气中的其他成分发生光化学污染，形成臭氧等污染物。

（2）畜禽养殖和城市面源污染较为严重。区域内部分养殖场未办理环保手续，废水未经有效处理直接排入鱼塘或周边水体；非法养殖场清拆后还存在较大的反弹风险。随着城市化不断发展，广州市不透水表面逐年增加，雨水径流污染物浓度不断提升。有学者对南方部分城市雨水地表径流污染调查研究显示，这种初期雨水径流污染物浓度均劣于Ⅴ类水标准，部分已超过城镇污水排放标准，成为广州市城市河流水质恶化的重要因素之一。

（3）内源污染较为严重。内源污染主要指进入湖泊中的营养物质通过各种物理、化学和生物作用，逐渐沉降至湖泊底质表层。积累在底泥表层的氮、磷营养物质，一方面，可被微生物直接摄入，进入食物链，参与水生生态系统的循环；另一方面，可在一定的物理化学及环境条件下，从底泥中释放出来而重新进入水中，从而形成湖内污染负荷（见图1.2）。内源污染也会在相当长的时间阻止水质的改善，阻止湖泊从浊水到清水的稳态转化，给湖泊的生态修复带来困难。积极采取措施减少湖内污染负荷，如实施底泥疏浚，是控制湖泊富营养化的对策之一。

广州市黑臭河涌范围内的内源污染主要有底泥及漂浮物，其中底泥主要分布于感潮区部位，漂浮物主要集中在城中村人流密集及部分郊外缺少维护管养地带。

（4）城市合流制溢流污染较为严重。目前，广州市内河涌两岸排水口主要存在拍门溢流、截污闸溢流、截污堰溢流、下挖式溢流。不同溢流形式受溢流口

图 1.2　河涌底泥

标高、管网运行水位、淤积深度、垃圾数量等影响，大部分溢流口只有雨季溢流，少部分溢流口由于设置不合理或运行状况变差而出现晴天溢流现象。

（5）水环境治理基础设施建设严重滞后。截至 2018 年 9 月，广州市黑臭河涌范围内共计分布 28 座污水处理厂，总处理能力约为 492 万 t/d，广州中心城区城镇生活污水处理率已达 90%，然而很多地区实际污水处理能力远未达到实际需求。即使在污水处理厂污水收集范围内，由于污水收集管网不完善、截留倍数较低以及旧城区现有排水系统为雨污合流等问题，污水处理能力也未得到充分体现，尤其是对氮与磷负荷的削减效果并不理想。据污染源现状分析，未经收集处理的生活污水的化学需氧量和氨氮排放量占进入水体污染物总量的 44% 和 73%，致使水质受氨氮污染较严重，水环境呈现明显的生活源污染特征。

很多地区污水管网截污标准偏低，排水管网隐患多、错混接多、水位高、溢流多、信息化程度低。排水户雨污管网存在大量错接、混接现象；局部地方存在地下水等外来水入渗进入管网以及受纳水体水倒灌进入管网的现象，造成"清污不分"；部分河涌存在污水管拍门溢流现象；部分管网存在堵塞、塌陷导致排水不畅，造成满溢；管网信息化程度低，出现问题时不能及时发现并溯源处理。

（6）岸线生活垃圾堆放。岸线垃圾主要集中在城中村人流密集及部分郊外缺少维护管养地带，主要是生活垃圾（见图 1.3）。生活垃圾在堆放过程中，会产生大量的碱性或酸性物质，这些物质将垃圾中的重金属物质溶解出来。因此，生活垃圾是重金属污染的重要来源，会导致地表水体及地下水体严重污染。

图 1.3　岸线垃圾堆积

1.4.2　广州市治水思路

针对之前存在的"重工程措施、轻管理手段；重下游收集、轻源头治理；重建成区、轻城中村；重部门治水，轻社会参与"等问题，广州坚持一手抓工程建设、一手抓管理提升，多管齐下、综合施策。目前，广州黑臭水体的治理取得了一定的成效，综合治理的格局已经打开，水环境治理由单一侧重工程建设"截、清、补"转向"控、截、清、补、管"多管齐下的综合治理方式。广州治水思路已经实现从原来侧重工程的单一治水向综合治水转变。

目前，经过三年来的不断探索实践，广州提出推进"三源、四洗、五路线"的治水思路，即"源头减污，源头截污、源头雨污分流"的"三项原则"，持续推进"四洗清源行动"（洗楼、洗井、洗管、洗河），坚持"控源、截污、清淤、补水、管理"的五条技术路线，全力推进全市污水处理提质增效和黑臭水体治理工作。全面推行河长制以来，广州市大力开展黑臭水体治理工作，坚持"三源、四洗、五路线"的治水思路，水污染治理取得阶段性成效。通过梳理河长管理体系，完善河长制组织体系、监督体系和问责体系，对河长履职的内容和成效进行系统化管理，全面扎实踏实推动河长制从全面建立到全面见效，实现河长制名实相副。总体来说，水体黑臭表现在水里，根子在岸上。

1.4.3 水污染治理实践

自 1996 年起，广州采用过多种方式推进治水，包括末端截污、末端补水、环村截污等方式，但治理成效不甚理想，黑臭水体数量仍然巨大。通过总结经验教训，剖析问题根源后，广州转变治水思路，坚持"三源、四洗、五路线"，优化排水管理体制机制和供排水一体化管理，深入推进河长制工作，实施网格治水，推行智慧管控，实现从末端到源头治水的转变，全力推进全市污水处理提质增效和黑臭水体治理工作。

2018 年 9 月 13 日，广州市第一总河长签发总河长令第 1 号，下达了黑臭水体剿灭任务书，提出了水环境治理攻坚战 3 年目标，要求各区同步开展控源与截污工作，确保在 2018 年年底前，广州 35 条黑臭河涌达到长治久清，102 条黑臭河涌整治初见成效，其他 50 条黑臭河涌基本达到不黑不臭标准；2019 年年底前，各区基本消除黑臭河涌；2020 年，各区全面剿灭黑臭水体；其他河湖水质逐年好转，力争消除劣 V 类水体。同时，对履职不力、未按时完成任务并未实现工作目标的，将依纪依规予以严肃追责。2019 年 9 月 6 日，签发总河长令第 4 号，提出用 5 年时间开展"排水单元达标"攻坚行动，坚持源头治理、系统管理，明确了攻坚责任体系，在 2020 年年底前，使全市排水单元达标比例达到 60%，率先完成机关事业单位（含学校）类排水单元达标工作；2022 年年底前，全市排水单元达标比例达到 80%，力争达到 85%；2024 年年底前，基本完成排水单元达标建设任务，建成区雨污分流率达到 90% 以上。

1.4.3.1　全面推进"四洗"

1. 开展"洗楼"行动

"洗楼"首先坚持"全覆盖、无遗漏"的原则。截至 2020 年 3 月底，累计出动"洗楼"人员 83.8747 万人次，摸查建筑物 172.2545 万栋，摸查面积 7.4311 亿 m^2，摸查出污染源 20.47 万个（见图 1.4）。

2. 开展"洗管""洗井"行动

"洗管""洗井"是运用电子潜望镜、CCTV 等技术手段，检测排水系统内的淤积、破裂、错位、堵塞、渗水等缺陷，查明漏接、错接等问题，再利用非开挖技术进行"微创手术"修复（见图 1.5 和图 1.6）。

图 1.4　摸查建筑物

图 1.5 "洗管"行动

图 1.6 "洗井"行动

自全面开展"洗管、洗井、洗河"行动以来，截至 2019 年 7 月，已累计排查排水井约 54.81 万座、雨水口约 3.23 万个、排水口约 1.25 万个。截至 2020 年 3 月底，累计巡查中心城区排水管网约 86905km，清疏管道约 15918km，累计整改晴天溢流问题 220 处，修复管道结构性缺陷 3124 处。

3. 开展"洗河"行动

广州市河长制办公室印发实施《广州市"洗河"工作指引（试行）》（穗河长办〔2018〕130 号），由各河涌养护管理单位负责实施，各级河长监督落实，全面推进"洗河"行动。"洗河"就是对河面垃圾、岸边管线进行集中整理，对河湖岸线垃圾堆放点进行整治（见图 1.7）。截至 2019 年 7 月底，广州全市共计开展洗河 993 条，并向一级支流、二级支流和边沟边渠延伸，共计清理河面 2720 万 m²，清理堆积物、垃圾约 3.87 万 t。2020 年全市纳入洗河计划的河涌有 1234 条、小微水体 2256 个；截至 3 月底，共计开展洗河 241 条（次）、小微水体 98 个，清理河岸立面 176.82 万 m²，清理杂物垃圾月 908.99t。

1.4.3.2 补齐短板，着力加强污水系统收集处理能力

2018 年以来，广州市新建污水管网 4464km，是"十二五"期间的 3.5 倍（见图 1.8）；3 座处理能力合计 22 万 t/d 的污水处理厂已建成投运，当前正着

力推进 16 座污水处理厂开工建设；全市列入农村生活污水治理计划的 1112 个行政村（社区）共建成 2163 个污水处理设施站点，基本实现农村生活污水治理行政村全覆盖，相关工作走在全省前列。

图 1.7 "洗河"行动

1.4.3.3 实施"清污分离"，着力整治合流箱涵

对沙河涌、景泰涌、车陂涌等试点流域开展了清污分流建设，让"污水入厂、清水入河"，实现源头污水减量、河湖减污，污水处理进水浓度大幅提升。以猎德污水处理厂及其服务片区为例，整治前，存在管网高水位运行、外水进入、进厂污染物浓度较低、片区内有 16 条黑臭水体等问题。经过管网错混

图 1.8 污水管网铺设现场

接整改、合流渠箱清污分流、"洗井""洗管"等一系列工作后，猎德污水处理厂进水污染物浓度提升约 100mg/L，提升幅度 40% 以上，河涌水质得到明显改善（见图 1.9）。

图 1.9　某河涌清污分流整治后

1.4.3.4　生态利用，污水处理厂尾水再生利用

利用污水处理厂布局优势，停用珠江水补水的方式，将污水处理厂尾水再生利用补入河涌，流域内的沙河涌、车陂涌水质改善明显，河涌生态系统逐渐恢复，水草生长茂盛，鱼群嬉戏，形成环境宜人的亲水空间，河涌底泥也逐步恢复生态，避免了大规模底泥淤积（见图 1.10）。

1.4.4　控源治水示范意义

水环境治理重在治本，应以控源截污为重点，加快重点污染企业整治提升，减少水污染物排放量；加快污水管网建设，提高污水纳管率；运用生态理念，推

图 1.10　污水处理厂尾水再生利用补入河涌

进生态循环农业发展，提高水体的自我生态修复和生态保护能力。广州市治水任务仍然任重道远，现阶段黑臭水体控源整治成效证明，强化河长责任，打赢黑臭水体剿灭战，必须坚持污染源防控等源头治水不松懈。一是坚决执行对全市河涌污染源查控，用"一河一策"的治理模式，扎实推进各项工作，保持对拆除违法建筑及清理"散乱污"等工作的高压态势，治水力度只能加不能减，全面清理消除各类污染源。二是注重压实各级河长污染源查控责任。以流域为体系、网格为单元，按照"小切口，大治理"原则，把"散乱污"治理、违法建筑拆除、管网建设、巡查管理等治水工作落实到每个网格单元，实现污染源巡查的全覆盖，从根源上解决污染问题。

1.5　组织架构

按照区域与流域相结合、分级管理与属地负责相结合的原则，广州市建立"市－区－镇（街）－村（居）"四级河长体系，并在此基础上设置九大流域河长，为全市19660个标准基础网格配齐网格长、网格员，形成了具有广州特色的河长制组织架构（见图1.11）。

市第一总河长是本市推行河长制第一责任人，由市委主要领导担任，对本市河湖管理保护负总责。

市总河长由市政府主要领导担任，市副总河长由市政府分管领导担任。市总河长、副总河长协助市第一总河长统筹推进河长制落实，组织完善河湖管理保护体制机制，推动落实河湖治理重点工程，协调解决河湖管理重大问题和群众反映的突出问题，做好督促检查工作，确保完成本市河长制各项目标任务。区总河长

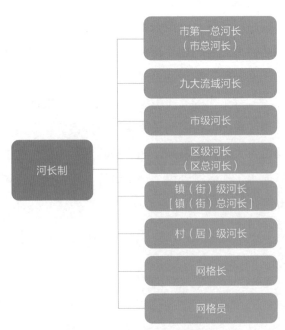

图1.11　广州河长制组织架构图

由各区区委主要领导担任，是本区推行河长制的第一负责人，对本区河湖管理保护负总责。

流域河长主要负责统筹流域内河湖管理保护、水环境治理等工作，督促指导流域内区级党委、政府履行职责，推动各项重点难点工作落地见效。

河湖长是责任河湖管理保护的直接责任人，按分级分段承担相应责任。市级河长根据广州市主要河湖设置，由市委、市政府领导担任，各区、镇（街）、村（居）河长由河湖流经区域的党政主要领导担任。

网格长（网格员）以源头控污为目标，坚持问题导向，定期巡查网格内水体、供水、排水等涉水事项；及时发现、采集和上报"散乱污"场所、违法排水排污、污水溢流、水体垃圾、水质异常、违法建设、河湖及供排水设施损坏等问题。对能解决的问题，及时组织整改；对难以解决的问题，及时上报，并积极协助相关部门处理；跟踪问题的整改情况。开展治水宣传，动员网格内群众积极参与治水护水活动。

市河长制办公室（以下简称"市河长办"）设在市水务局，市河长办主任由市政府分管副市长兼任，常务副主任由市政府副秘书长和市水务局局长担任，副主任由市生态环境局局长、市委宣传部副部长、市公安局副巡视员、市工业和信息化局副局长担任。增设由市水务局分管领导担任的专职副主任1名，成员单位有市纪委、市监委、市委组织部、市委宣传部、公安局、发展和改革委员会、工业和信息化局、教育局、财政局、规划和自然资源局、生态环境局、住房和城乡建设局、交通运输局、水务局、农业农村局、林业和园林局、城市管理和综合执法局、港务局，团市委、市水投集团等相关单位，办公室工作人员从各成员单位抽调。各区、镇（街）参照市的架构设置相应的河长办。

1.6 河长工作职责

广州市河长制坚持党政主导、部门联动原则，健全以党政领导负责制为核心的责任体系，落实各级河长职责，强化工作措施，协调各方力量，形成一级抓一级、层层抓落实的工作格局。

1.6.1 市本级河长

1.6.1.1 市第一总河长

市第一总河长是本市推行河长制第一责任人，对本市河湖管理保护负总责。主要负责河长制的组织领导、决策部署和监督检查工作，以及解决河长制推行中遇到的重大问题。

市第一总河长主要工作包括：主持召开市总河长会议；监督检查中央、省、市有关河长制工作、重要部署落实情况及河长制实施进展情况；审定、批办市总河长、副总河长、市河长办、市级河长等上报工作事项及文件；对市河长制办公室不能有效督办的重大事项进行督办。

1.6.1.2 市总河长、副总河长

市总河长、副总河长协助市第一总河长统筹推进河长制落实，组织完善河湖管理保护体制机制，推动落实河湖治理重点工程，协调解决河湖管理重大问题和群众反映的突出问题，做好督促检查工作，确保完成本市河长制各项目标任务。

市总河长主要工作包括：主持召开和出席市总河长会议；负责区总河长的考核；督促检查中央、省、市有关河长制工作、重要部署落实情况及河长制实施进展情况；审定批示市副总河长、市河长办、区总河长等上报的工作信息；对市河长办不能有效督办的重大事项进行督办。

市副总河长要出席市总河长会议；协调解决区级总河长上报的重大问题，视工作需要酌情决定是否上报市第一总河长、总河长。

1.6.1.3　流域河长

流域河长在市第一总河长、总河长的领导下，主要负责统筹协调流域内河湖管理保护、水环境治理等工作，督促指导流域内区级党委、政府履行职责，推动各项重点难点工作落地见效。

流域河长主要工作包括：组织领导责任流域河湖管理和保护工作，完成上级下达的目标任务；推动落实"四洗（洗楼、洗管、洗井、洗河）""五清（清理非法排污口、清理水面漂浮物、清理底泥污染物、清理河湖障碍物、清理涉河湖违法建筑）""散乱污"场所整治；督促完成城镇生活污水处理厂、污水管网、农村生活污水等河湖整治工程建设任务；协调解决河湖管理保护重点、难点问题以及群众反映强烈的突出问题；流域河长巡查督导责任流域河湖每季度不少于一次。

1.6.1.4　市级河长

市级河长负责指导、协调、推动责任河湖的整治与管理保护工作。指导河湖水环境整治，推动河湖整治重点工程建设，推进河湖突出违法问题整治，协调解决河湖整治和管理保护中的重点难点问题，督促市相关责任单位和下级河长履行职责。

市级河长主要工作包括：出席市总河长会议、主持召开市级河长会议、牵头对责任河湖的区级河长履职情况、河湖治理管理保护情况进行督查；对市河长办公室不能有效督办的重大事项进行督办；每季度完成责任河湖巡查不少于一次并交办、协调处理巡查河湖时发现的问题。

1.6.2　区本级河长

1.6.2.1　区总河长、副总河长

各区总河长是本区推行河长制的第一责任人，对本区河湖管理保护负总责。

区总河长主要工作包括出席市总河长会议；向市级副总河长报告重大问题，对于职权范围内河湖的重大问题要认真研究解决；以及结合本区实际，统筹制定本区镇（街）、村（居）级河长考核办法。

1.6.2.2　区级河长

区级河长负责组织责任河湖的整治与管理保护工作。全面落实水污染防治行动计划；组织制定实施"一河（湖）一策"综合整治方案；完成城乡生活污水、生活垃圾收集处理设施建设任务；落实最严格水资源管理制度；严格水域岸线管理保护；严厉打击涉河湖违法行为及违法取水、排水行为；完成防洪排涝工程建设任务；按定额保障河湖及排水设施维修养护经费和人员；监督本区相关责任单位和下级河长履行职责，协调解决河湖管理保护中的重点难点问题。

区级河长主要工作包括出席责任河湖所属的市级河长会议；向市级河长报告重大问题，对于职权范围内河湖的重大问题要认真研究解决；被督察的区级河长按照督察整改要求，制定整改方案，并在规定期限内报送整改情况；对存在履职不到位情形的镇（街）、村（居）级河湖长进行谈话提醒；接听群众投诉举报电话，按照相关制度及时处理群众投诉举报的问题，反馈办理进度；责任范围内一般河湖每月巡查不少于一次；黑臭河湖每月巡查不少于一次，每次完成不低于责任河湖黑臭水体总条数的 15%，每半年完成一轮责任河湖黑臭水体全覆盖巡查；及时处理职责范围内的河湖问题，并交办相关部门跟进问题处理。

1.6.3 镇本级河长

1.6.3.1 镇（街）总河长、副总河长

镇（街）总河长是本镇（街）推行河长制的第一责任人，对本镇（街）河湖管理保护负总责。

1.6.3.2 镇（街）级河长

镇（街）级河长主要负责落实责任河湖的整治与管理工作。按规定完成入河湖污染物排放消减任务；清理整治涉河湖违法建筑和排污口；负责或配合河湖整治工程的征地拆迁；负责河湖、排水设施的维修养护和水面保洁；监督村（居）级河长履行职责，协调解决村（居）级河长上报的重点难点问题。

镇（街）河长主要工作包括出席责任河湖所属的区级河长会议；按照相关规定向区级河长报告重大问题，对于职权范围内河湖的重大问题要认真研究解决；接听群众投诉举报电话，按照相关制度及时派人核实问题，协调处理并反馈办理进度；责任范围内一般河湖每旬巡查不少于一次，黑臭河湖每周巡查不少于一次，每次完成不低于责任河湖黑臭水体总条数的 30%，每月完成一轮责任河湖黑臭水体全覆盖巡查。

1.6.4 村（居）级河长

村（居）级河长是责任河湖管理保护的直接责任人，按分级分段承担相应责任。主要负责实施责任河湖的保护工作，负责本村社自建污水收集管网接入市政污水管网系统，提高污水收集率；将河湖管理保护纳入"村规民约"；组织河湖周边环境整治；做好本村社保洁工作，落实河湖和排水设施一日一查。

村（居）级河长主要工作包括：出席责任河湖所属的镇级河长会议；按照相

关规定向镇（街）级河长报告重大问题，对于职权范围内河湖的重大问题要认真研究解决；接听群众投诉举报电话，按照相关制度及时核实和处理问题，对于非职责范围内能够处理的应及时上报；责任范围内，一般河湖每周巡查不少于一次，黑臭河湖每个工作日一巡，每周完成责任河湖黑臭水体全覆盖巡查。

1.6.5 网格长、网格员

广州市依托全市 19660 个标准基础网格，创新推行网格化治水。2019年 3 月 19 日，广州市第一总河长和广州市总河长共同签发总河长令第 3 号，要求各区区委、区政府完善治水网格，配齐网格员、网格长并明确职责。各级网格人员要在各级河长领导下，狠抓污染源查控、违法建设及"散乱污"场所整治等工作，挂图作战、销号管理，按时完成"五清"专项行动任务，确保2019 年年底前基本消除黑臭河涌，实现国考、省考断面水质达标，2020 年全面剿灭黑臭水体。

网格员主要工作包括：以源头控污为目标，坚持问题导向，定期巡查网格内水体、供水、排水等涉水事项；及时发现、采集和上报"散乱污"场所、违法排水排污、污水溢流、水体垃圾、水质异常、违法建设、河湖及供排水设施损坏等问题；对能解决的问题，及时组织整改；对难以解决的问题，及时上报，并积极协助相关部门处理；跟踪问题的整改情况；开展治水宣传，动员网格内群众积极参与治水护水活动。

网格长主要工作包括：负责组织、指导、监督网格员履职，协调解决网格员上报的各类问题，及时上报无法解决的问题；定期到网格内巡查，推动问题整改，组织复查整改情况；协助各级河长、河长办开展工作。

广州市增城区河长公示牌示例见图 1.12。

图 1.12　广州市增城区河长公示牌示例

2 | 巡河篇
XUNHE PIAN

　　本篇梳理了河长的巡河要求，详细介绍了各类典型问题的现场识别方法（见图 2.1），旨在帮助河长更好地开展日常工作，更有效地发现影响河湖水质的各类污染源，提升河长履职水平和能力。

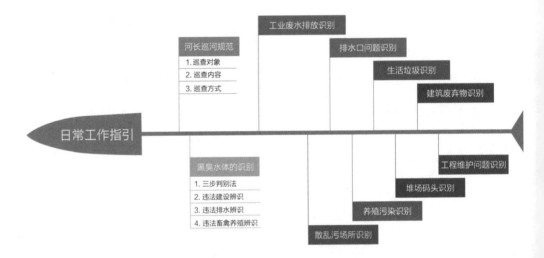

图 2.1 巡河篇导读图

2.1 河长巡河规范

巡河是各级河长履行工作职责的主要方式。为推动河长履职尽责，广州市先后发布多项巡河意见和通知以规范市、区、镇（街）、村（居）河长湖长的巡河和问题上报工作，通过开展河长常态化巡河工作，做到河湖问题早发现、早处理、早解决，达到有效防治河湖问题的目标。

2.1.1 巡查内容

河长巡查对象为责任河湖、小微水体及水体周边的行政管理范围。河长巡查内容包括水中与岸上一切影响或可能影响河湖水质量、水安全、水生态、水环境的不利因素。按照区域划分，河长巡查的内容包括水体黑臭情况、水面污染情况、水底淤积情况、沿岸乱堆偷排情况和河湖管理范围内的其他情况。按照影响河湖的因素划分，河长巡查的内容包括垃圾类因素、违章类因素、水质类因素、污染类因素、设施类因素、安全类因素、整改类因素和其他因素（见表 2.1）。

表 2.1 河长巡查内容情况表

序号	因素划分	描述
1	垃圾类	（1）水面是否有垃圾等漂浮物； （2）河底是否有明显污泥或垃圾淤积； （3）沿岸是否有倾倒垃圾、淤泥渣土、建筑废弃物
2	违章类	河湖管理范围内是否有违法建构筑物、违法堆场、违法采砂行为等
3	水质类	水体是否存在蓝藻，水质是否有黑臭等异常情况
4	污染类	（1）沿岸是否存在排水口晴天污水溢流现象； （2）河湖管理范围内是否存在畜禽养殖、散乱污企业直排废污水等情况
5	设施类	（1）河长湖长公示牌、安全警示牌等标示牌设置是否规范，是否存在污损、缺失等情况； （2）管线是否规整有序
6	安全类	（1）有无河湖、溢洪道淤塞； （2）安全防护设施是否破损、缺失； （3）有无堤岸、大坝损毁、堤防漫顶等安全隐患以及防汛问题

续表

序号	因素划分	描述
7	整改类	（1）之前巡查发现的问题是否解决； （2）已解决的问题是否出现反弹现象
8	其他类	是否存在其他影响河湖水质、安全的问题

2.1.2　巡查方式

河长巡查河湖采取信息化手段，应用广州河长 APP 记录巡河过程。广州河长 APP 能够实时记录河长巡河轨迹，河长可通过广州河长 APP 查看责任河段以及河段相关的问题、污染源等信息，根据责任河段问题信息合理制订巡河计划并开展在线巡河，实时上传巡查情况，生成巡河日志。广州河长 APP 同时还支持离线巡河功能和多样化巡河（见表 2.2）。

表 2.2　河长巡查方式

巡河类型	巡河方式
现场巡河	各级河长按照广州市河长制办公室印发的《广州市河长湖长巡查河湖指导意见》（穗河长办〔2018〕562 号）的要求进行现场河湖巡查
辅助巡河	对无法通行的偏远、险峻地带且长期水质较好的河段，河长可利用无人机等辅助设备开展巡查工作
河长助理巡河	对于河长确因工作繁忙无法按规定巡查河湖的，可委托河长助理落实巡查
多样化巡河	对于河长参加河湖管理保护有关活动，参加活动后能提交证明材料的，视为河长巡河履职。考虑手机断电、信息不稳定等无法现场使用手机的情况，河长 APP 提供多样化巡河功能事后上传巡河记录。河长开展巡河多样化活动时，上传附件资料应包含河长本人（或河长助理）参加活动的照片及相关活动有效证明资料

2.2 黑臭水体的识别

治理黑臭水体的首要任务是对黑臭水体能够进行精确识别和诊断。黑臭水体识别诊断技术的发展趋势，是希望在大幅减少人力及时间成本的基础上，获得更加客观的认定结果，甚至可以对黑臭水体根据污染程度进行直接分级。黑臭水体的识别方法并不复杂，只需以下三步：

一看：主要通过查看水面是否存在漂浮物，水域范围内是否存在垃圾、违法建设、畜禽（水产）养殖污染、生产生活污水直排，水底是否存在淤泥或垃圾淤积及水体颜色等，确定重点排查对象。

二嗅：通过不定时对水体是否散发有令人不适气味的嗅检，确定重点排查对象。

三测：对"看"和"嗅"确定的重点排查对象和群众举报、新闻媒体曝光、前期水质检测结果较差的疑似黑臭水体，组织进行水质判定。水质判定采取布点与测定频率检测的方法进行。水质检测由环保部门完成，或委托第三方机构严格按住房和城乡建设部、环境保护部印发的《城市黑臭水体整治工作指南》（建城〔2015〕130号）组织实施。

专栏1 城市黑臭水体分级评价指标

城市黑臭水体分级的评价指标包括透明度、溶解氧（DO）、氧化还原电位（ORP）和氨氮（NH_3-N），分级标准见表2.3。

表2.3 城市黑臭水体污染程度分级标准

特征指标	轻度黑臭	重度黑臭
透明度 /cm	25~10[①]	<10[①]
溶解氧 /（mg/L）	0.2~2.0	<0.2
氧化还原电位 /mV	−200~50	<−200
氨氮 /（mg/L）	8.0~15	>15

① 水深不足25cm时，该指标按水深的40%取值。

2.2.1 违法建设的辨识及处理

1. 违法建设的表现

涉水违法建设是指位于河涌（含一级、二级支涌）、湖泊、水库等管理范围内，合流渠箱、边沟边渠两侧 6m 范围内违反国家相关法律法规，未经水行政主管部门或规划行政主管部门审批同意和未按照审批许可要求建设，存在以下情形之一的各类建构筑物（见图 2.2）：

（1）规划、用地、建设等手续不全的。

（2）妨碍行洪安全、影响水务工程设施安全运行的。

（3）污染水环境的。

（4）骑压、跨越河涌、渠箱、暗渠及边沟边渠的。

图 2.2　河涌违法建设实例

（5）影响巡河通道畅通的。

（6）影响合流渠箱整治、截污管道铺设和其他水环境整治工程施工及日常维护的。

（7）其他违法情形。

2. 违法建设的危害

（1）违法建设内的住户或小作坊等向河涌直排污水、垃圾堆积严重，直接污染河涌水体，成为河涌黑臭的重要污染源。

（2）河涌两岸密布的违法建设杂乱无章，严重影响市容市貌，消防、治安、行洪等安全隐患突出。

3. 违法建设处理方式

各级河长巡查发现违法建设问题时，应根据职责范围及时上报、处理或组织协调解决。各相关部门依据职权，责令停止违法行为，要求违法当事人自行拆除违法建设；对城市、镇规划区内的违法建设需要依法强制拆除的，已完成立案查处、符合拆违条件的违法建设，及时依法拆除；对严重影响公共安全、人身安全以及对"三防"工作等危害程度严重的违法建设，加快处罚速度，重点予以拆除。各级河长在职能部门执法过程中，须根据职责配合与协助相关部门工作，并跟进处理。

专栏2　违法建设相关法律条文

根据《广州市违法建设查处条例》第二条：违法建设是指违反城乡规划管理有关法律、法规规定的下列情形：（一）未取得建设工程规划许可证或者未按照建设工程规划许可证的规定进行建设的；（二）未取得乡村建设规划许可证或者未按照乡村建设规划许可证的规定进行建设的；（三）未经批准进行临时建设或者未按照批准内容进行临时建设的；（四）临时建筑物、构筑物超过批准期限不拆除的。

根据《中华人民共和国河道管理条例》第二十四条：在河道管理范围内，禁止修建围堤、阻水渠道、阻水道路；种植高秆农作物、芦苇、杞柳、荻柴和树木（堤防防护林除外）；设置拦河渔具；弃置矿渣、石渣、煤灰、泥土、垃圾等。

2.2.2 违法排水行为的辨识及处理

1. 违法排水的有关规定

根据《中华人民共和国水污染防治法》《城镇排水与污水处理条例》《广州市城市供水用水条例》《广州市排水管理办法》等，下列行为属于违法排水：

（1）直接或者间接将未经处理的污水排入水体（见图2.3）。

（2）城镇排水设施覆盖范围内，不按规定接驳，偷排、乱排。

（3）将污水管网错接入雨水管网，导致雨水口晴天污水溢流。

（4）向城镇排水设施偷排或者超标排放建筑废水、工业废水等。

图2.3 违法排水实例

2. 违法排水的危害

违法排水行为严重影响了广州市黑臭河涌的整治进度和效果，会导致已整治河涌面临水质反弹恶化等问题，如导致污水溢流污染河涌；造成管网堵塞、破损，影响排水设施的正常运行；加重污水处理厂处理负荷等。因此，应规范排水户、排污单位的排水行为，加大对错漏接、直排、偷排、超标排放等违法排水行为的执法力度，实现水污染的有效防治。

3. 违法排水处理方式

各级河长巡查发现违法排水问题时，应根据职责范围及时上报、处理或组织协调解决。对发现的违法排水行为，由相关职能部门对违法排水行为进行现场核查；核查结果不属于违法排水的问题进行销号处理，属于违法排水行为的，应责令限期整改。对逾期拒不整改的违法排水户，执法机关应依法予以关停取缔。各级河长在职能部门执法过程中，须根据职责配合与协助相关部门工作，并跟进处理。

2.2.3 违法畜禽养殖行为的辨识及处理

1. 畜禽养殖违法行为表现

（1）在禁养区内从事畜禽养殖业（见图2.4）。

图2.4 禁养区内的违法畜禽养殖业实例

（2）未经处理或处理不达标的养殖污水、畜禽粪便等畜禽养殖废弃物直接排入水体。

2. 畜禽养殖违法行为的危害

养殖污水因其含有大量的动物粪便，部分含有动物尸体导致其可生化有机质含量极高，动物粪便和尸体的处置不当容易导致致病病菌污染水源。

3. 畜禽养殖违法行为的处理方式

各级河长巡查发现畜禽养殖违法行为问题时，应根据职责范围及时上报、处理或组织协调解决。对畜禽养殖违法行为由相关职能部门对在禁养区内从事畜禽养殖业的场户依法予以关停；对在非禁养区，但有养殖污水等废弃物直排河涌的养殖场户进行依法查处。各级河长在职能部门执法过程中，需根据职责配合与协助相关部门工作，并跟进处理。

2.3 工业废水排放识别及处理

2.3.1 工业废水排放识别

工业废水指的是工业企业排放的废水，是导致水体产生污染的原因之一。工业废水种类繁多，成分复杂，常含有多种有毒物质。人类活动排放的工业废水进入水体，如果超过水体自净能力就会引起水质恶化，破坏水体生态，降低使用功能，对周边居民及水中生物有很大危害。

河涌排水口附近有工业园区、有大量用水企业（漂染厂、电镀厂、化工厂等）及建筑施工工地的地方，是工业废水排放的易发、高发区域。河长可通过一些特征，识别工业废水排放（见表2.4）。

表2.4 工业废水识别特征

序号	特征
1	明显颜色，如：红、黄、绿、黑、乳白等颜色（见图2.5）
2	刺激性气味
3	产生大量泡沫的污水

2.3.2 工业废水排放处理

各级河长巡查发现工业废水排放问题时，应根据职责范围及时上报、处理或组织协调解决。对工业废水排水的处理由各相关职能部门依据权责，责令其停止违法行为，调查违法当事人经营证件是否齐全。如当事人营业相关证件不全，责令其及时停业整改；如违法排水情况造成较严重影响或经济损失，可依法对违法当事人进行处罚。各级河长在职能部门执法过程中，须根据职责配合与协助相关部门工作，并跟进处理。

图 2.5　工业污水实例

2.4 "散乱污"场所识别及处理

2.4.1 "散乱污"场所识别

"散乱污"场所是指不符合产业政策和产业布局规划，环保、国土规划、工商、税务、质监、安全监管、消防等手续不全，以及污染环境的企业、工场作坊等生产经营场所。具体如下：

（1）"散"是指不符合当地产业布局等相关规划的企业（场所），没有按要求进驻工业园区（产业集聚区）的规模以下企业（场所）。

（2）"乱"是指不符合国家或省产业政策的企业，应办而未办理规划、土地、环保、工商、质量、安全、能耗等相关审批或登记手续的企业，违法存在于居民集中区的企业、摊点、小作坊。

（3）"污"是指依法应安装污染治理设施而未安装或污染治理设施不完备的企业（场所），不能实现稳定达标排放的企业（场所）。

"散乱污"场所涉及的行业包括但不限于印刷、制革、印染、洗水、冶炼、电镀、酿造、水泥、汽修、餐饮、五金、畜禽养殖、食品加工、石材加工、家具制造等。河长巡河时，应留意河湖管理范围内的上述场所（见表 2.5）。

表 2.5　疑似"散乱污"企业图例表

类型	图例	对水环境影响
印刷		印刷时，使用的油墨、润版液、胶片和废定影液、塑料覆膜和油性上光材料等物质进入印刷厂的废水中，如果不进行严格的处理直接排入地面或河湖会对环境造成严重污染

续表

类型	图例	对水环境影响
制革		制革废水指制革生产在准备和鞣制阶段，即在湿操作过程中产生的废水。制革厂废水排放量大、pH高、色度高、污染物种类繁多、成分复杂。主要污染物有重金属铬、可溶性蛋白质、皮屑、悬浮物、丹宁、木质素、无机盐、油类、表面活性剂、染料以及树脂等
印染		印染废水指以加工棉、麻、化学纤维及其混纺产品、丝绸为主的印染、毛织染整及丝绸厂等排出的废水。印染厂废水水量较大，每印染加工 1t 纺织品耗水 100 ~ 200t，其中 80% ~ 90% 成为废水排出。印染废水具有水量大、有机污染物含量高、碱性大、水质变化大等特点，属难处理的工业废水之一，废水中含有染料、浆料、助剂、油剂、酸碱、纤维杂质、砂类物质、无机盐等
洗水		洗水废水的水质复杂，污染物包括来自纤维原料本身的夹带物以及有加工过程中所用的浆料、化学助剂等。其废水的水量大、水温高、色度高、有机污染物浓度高、呈碱性、pH变化大、水质变化剧烈、可生化性较差。另外，PVA浆料、新型助剂等难以生化降解成分也很多
冶炼		冶炼会产生酸性废水及含重金属离子的废水，如果不经过处理而直排，会对环境造成影响

续表

类型	图例	对水环境影响
电镀		电镀作业不仅镀种名目多，而且工艺也各不相同，因此电镀过程中产生的废水种类化学成分也各不相同。电镀废水来源大体分为前处理的酸碱废水、镀层漂洗废水、后处理废水及废镀液、废退镀液等四类，各类电镀废水都含有重金属，容易污染地表水和地下水
汽修		汽修厂使用化学剂清洗汽车零部件，导致大量的化学物质进入清洗废水中，喷漆维修中产生大量的碱性含油废水，这些会腐蚀植物，还会造成水资源污染
餐饮		餐饮废水是指由餐饮业排放的未经处理的废水，主要来源于食品的准备、餐具洗涤、食物残余的渗沥液等。餐饮废水主要污染物为食物纤维、淀粉、脂肪、动植物油类，各种佐料、洗涤剂和蛋白质等有机物，同时由于就餐人员的复杂性，还存在病源菌污染的问题。这些物质大都以胶体状态存在，只有少部分以悬浮物状态存在，其特点是量少源多、成分复杂、水质变化较大。餐饮废水污染成分复杂，浓度高，对城市环境污染严重，污水中油脂容易凝结在管道内壁，形成厚厚的油脂层，使管道过水能力减少，甚至堵死。餐饮废水必须经过处理，达到国家规定的排放标准后，才能排入城市下水道或是直接排入其他水体
五金		五金配件加工过程中，会产生许多含重金属的废水，这些废水会对生态环境造成破坏

续表

类型	图例	对水环境影响
食品加工		食品加工污水主要包括：在原料清洗阶段，大量砂土杂物、叶、皮、鳞、肉、毛等进入废水中，使废水中含大量悬浮物；在生产阶段，原料中很多成分在加工过程中不能全部利用，未利用部分进入废水，使废水含大量有机物；在成形阶段，为增加食品色、香、味，延长保存期，使用了各种食品添加剂，一部分流失进入废水，使废水化学成分复杂
石材加工		石板材加工时在切割、抛光、研磨等工序产生含有悬浮石粉、油污等污染物质及杂质的乳白色废水，废水的无序排放对环境污染范围广、水源污染危害深、生态破坏严重
家具制造		家具生产过程中的废水，主要是企业员工生活污水和喷漆工艺中水帘处理、清洗等工序产生的废水。生活污水一般来说通过地下管网进入市政的污水处理系统，污染性较小。喷漆工艺产生的废水具有较大的污染性，主要污染物为 COD、SS 等，该废水浓度高、色度深、可生化性差，且具有毒性，若进入河流水体，会对水体造成严重污染，造成水质物理化学性质恶化。喷漆工艺产生的废水是废水污染防治的重点

2.4.2 "散乱污"场所处理方式

各级河长巡查发现"散乱污"场所问题时，应根据职责范围及时上报、处理或组织协调解决。对认定的"散乱污"场所，按照"源头治理、全面推进、分类处置、分步实施、智慧监管"的工作思路，对"散乱污"生产经营场所实施关停取缔、整合搬迁、升级改造三种处理方式，由各区人民政府落实属地管理责任，由镇（街）为落实责任主体，市、区职能部门配合实施清理整治。各级河长在职能部门执法过程中，需根据职责配合与协助相关部门工作，并跟进处理。

2.5 排水口问题识别及处理

2.5.1 排水口问题识别

河涌内的拍门、闸门、排水管道等设施出现破损，或功能缺失排出污水的，视为排水口污染源（见图 2.6）。

图 2.6 排水口问题实例

2.5.2 排水口问题处理方式

各级河长巡查发现排水口问题时，应根据职责范围及时上报、处理或组织协调解决。对于发现的问题排水口，广州按照"一口一策"的原则，由区政府负责对其进行溯源确定溢流原因，有针对性地提出整改措施。其中对于涉及管网错混接、结构性和功能性隐患的，由区政府督促权属单位通过应急抢险措施实施整改；对于属于工业企业非法排放的入河排污口，由区政府进行关停、整改等执法；对于周边区域管网缺失的，纳入各区支管完善工程，由区政府组织实施。各级河长在职能部门执法过程中，需根据职责配合与协助相关部门工作，并跟进处理。

2.6 养殖污染识别及处理

2.6.1 养殖污染识别

养殖污染主要是指动物排泄物收集困难、病死动物无害化处理不彻底以及养殖生产中附设物品等对周边环境的影响，包括水源污染、土壤污染和空气污染等。在禁养、限养区内和河湖管理范围内的养殖场，以及不在河湖管理范围内的养殖场，但发现有养殖污水排入河涌的，都属于养殖污染。其中，家禽养殖场多在河涌边上，养猪场、养牛场多在河涌的支流附近（见图2.7）。

图2.7 养殖污染实例

2.6.2 养殖污染处理方式

各级河长巡查发现养殖污染问题时，应根据职责范围及时上报、处理或组织协调解决。对违反规定在禁养区建设从事畜禽养殖业的，广州市的做法是按照法律法规从严处理，并在后续加强巡查，防止出现复养。如果发现复养，应立即依法予以关闭清理。

对非禁养区畜禽养殖污染问题，广州市的做法是先由区政府与市水务局配合对其进行核查，一是界定其是否位于河流、河涌、湖泊等流域范围及具体名称，是否违法占用河湖及水利工程管理范围；二是界定其是否符合治理达标要求。对违法占用河湖及水利工程管理范围的养殖场户，应由区政府与市水务局配合，对其进行严肃查处，并予以关闭。对经核查不符合治理达标要求的畜禽养殖场户，应督促其限期整改，配备完善符合环保要求的粪污收集、储存、处理、利用设施；整改后由区政府组织环保、农业等部门联合核查，经核查合格后可重新投入生产，无法完成整改或整改不达标的，应依法实施关停，对应关停但仍继续生产的，依法实施强制关闭。

各级河长在职能部门执法过程中，需根据职责配合和协助相关部门工作，并跟进处理。

2.7 生活垃圾识别及处理

2.7.1 生活垃圾识别

生活垃圾中含有机物、重金属和病原微生物三位一体的污染源。河湖管理范围内存在的织物、瓶罐、厨余垃圾、电池、纸类、塑料、金属、玻璃等都是生活垃圾（见图 2.8）。

图 2.8　生活垃圾实例

生活垃圾所含水分和淋入垃圾中的雨水产生的渗滤液会流入周围地表水体，造成水体污染。河长巡查时，应留意河湖管理范围附近是否有违法丢弃、大量偷排生活垃圾的现象。

2.7.2 生活垃圾处理方式

各级河长巡查发现生活垃圾问题时，应及时安排并跟进处理。广州的巡河指导意见规定：应由河长通知当事人或保洁人员及时清理，并要求河长在日常工作中注重河涌及两岸保洁工作，确保河涌水面无成片垃圾漂浮物，河涌两岸无大面积垃圾堆放。

2.8 堆场码头识别及处理

2.8.1 堆场码头识别

在河湖管理范围内设立临时码头堆放物品或材料，如砂、石、煤等，都属于堆场码头问题（见图2.9）。这些临时码头、露天堆放的物品或材料，影响河湖的堤岸安全及行洪安全，经过雨水冲刷，还有可能令有毒有害物质流入河涌而影响水质，影响水中动植物生长。

图2.9 堆场码头实例

2.8.2 堆场码头处理方式

各级河长巡查发现堆场码头问题时，应根据职责范围及时上报、处理或组织协调解决。对堆场码头问题的处理由各相关职能部门依据权责，责令停止违法行为，对违法堆场码头及时取缔，依法对违法当事人进行处罚。各级河长在职能部门执法过程中，须根据职责配合与协助相关部门工作，并跟进处理。

2.9 建筑废弃物识别及处理

2.9.1 建筑废弃物识别

在河湖管理范围内堆放的砖渣、废土、砂石等都是建筑废弃物（见图 2.10）。建筑废弃物会影响河湖的堤岸安全及行洪安全。

图 2.10 建筑废弃物实例

2.9.2 建筑废弃物处理方式

各级河长巡查发现建筑废弃物问题时，应根据职责范围及时上报、处理或组织协调解决。对建筑废弃物问题的处理由各相关职能部门依据权责，及时处理相关建筑废弃物。各级河长在职能部门执法过程中，须根据职责配合与协助相关部门工作，并跟进处理。

2.10　工程维护问题识别及处理

2.10.1　工程维护问题识别

河湖的堤岸、栏杆等建筑及设施有损坏和迎水坡、背水坡有大量杂草等影响堤岸安全情况，则视为工程维护问题（见图 2.11）。

2.10.2　工程维护问题处理方式

各级河长巡查发现工程维护问题时，应根据职责范围及时上报、处理或组织协调解决。对工程维护问题的处理由相关职能部门依据权责及时处理，避免出现安全隐患。各级河长在职能部门执法过程中，须根据职责配合与协助相关部门工作，并跟进处理。

图 2.11　工程维护问题实例

3 | 管理篇
GUANLI PIAN

　　压实河长履职是落实河长制的重点和难点，本篇详细介绍了广州河长管理体系的相关内容（见图 3.1）。"12345"河长管理体系架构是广州在推进河长制从"有名"向"有实"转变、探索河长监督管控规范化的创新成果。该体系将河长制工作所涉及的信息化手段、河长制工作制度和工作机制、落实河长制工作的各个责任主体均囊括其中，力求在聚焦管好"盆"和"水"这一工作任务中发挥主要作用。

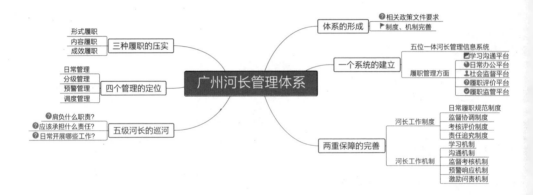

图 3.1　管理篇导读图

　　河长制是以河长领治、水陆共治的一项创新水环境治理制度。2016 年 11 月 28 日，中共中央办公厅、国务院办公厅印发《关于全面推行河长制的意见》（厅字〔2016〕42 号），提出要全面建立以党政领导负责制为核心的省、市、县、乡四级河长体系，以构建责任明确、协调有序、监管严格、保护有力的河湖管理保护机制。2018 年 10 月，水利部印发《关于推动河长制从"有名"到"有实"的实施意见》（水河湖〔2018〕243 号），提出了推动河长制从全面建立到全面见效的任务和目标，提出要聚焦管好"盆"和"水"，实现河长制的名实相副，但实现路径需要因地制宜地探索。

　　河长作为河长制工作的直接推动者和主要践行者，其履职效果与河长制工作的成效直接相关。为了使河长制高效稳步推进，广州始终坚持源头管控理念，将河湖问题与河长管理作为落实河长制的两大源头，着力落实河湖河长责任，力求做好河长管理。在推动全市河湖"见河长"的基础上，广州以管好盛水的"盆"、护好盆中的"水"为核心，强化服务河长理念，坚持问题导向，大胆探索以河长管理促进河湖保护的创新手段和策略，不断提升河长履职水平，对河长履职全过程开展监督管理，力促河湖治理"见行动""见成效"，推动河长制从"有名"向"有实"转变，实现河湖面貌的持续改善，水环境质量的持续向好。

3.1 河长管理体系的形成

河长管理是将对河长进行组织培训、监督指导、考核评价贯穿于推进河长制全过程。广州河长管理体系是基于中央、省、市全面推行河长制的工作要求，因地制宜开展实践，创新探索出的一套管理河长、服务河长的体系架构。

水利信息化是驱动我国水利工作从传统模式向现代化转变的重要策略，也是支撑河长制湖长制管理工作的重要技术手段。为贯彻落实党中央、国务院关于全面推行河长制的决策部署，广州市紧跟时代步伐，在广东全省率先开启"掌上治水"，创新搭建"PC 端、APP 端、微信端、电话端、门户网站"五位一体的监管平台，建设成为管理范围全覆盖、工作过程全覆盖、业务信息全覆盖的广州河长管理信息系统，该系统于 2017 年 9 月上线运行。同时根据广东省水利厅要求，广州在全面推行河长制初期抓紧建立河长制相关工作制度，完善河湖管理保护工作机制，并结合本土实际，探索实践具有实效性、可操作性的河长巡河、重大问题报告、联席会议、谈话提醒等制度机制。

全面推行河长制一年后，广州市完成了全市河湖河长全覆盖，每条河流都有了河长，并通过河长管理信息系统实现了全市河湖、河长全串接。为了推动河长制尽快从"有名"向"有实"转变，广州紧紧围绕河长履职前、履职中、履职后工作，借助信息化手段监管河长履职行为，河长履职水平不断提升。在推进河长制名实相副过程中，河长履职行为不断规范，广州市对河长履职的监管也逐渐从河长的日常履职行为转向履职的效益，并以河湖水质为依据，对河长进行监督预警和考核评价，在实践中探索出将河长履职全过程划分为形式履职、内容履职、成效履职的三种履职监管。

为了确保河湖管理保护工作的有效推进，广州市始终坚持"生态优先、绿色发展；党政领导、部门联动；问题导向、因地制宜；强化监督、严格考核"四个基本原则，一是对河长日常工作开展监督考核，落实河长责任，实行河湖动态监管；二是构建上下级河长的责任共同体，形成一级抓一级、层层抓落实的工作格局；三是"河段－河长－问题（盆）－水质（水）"四者关联分析河长履职情况变化，形成河长履职总结提醒机制，协助河长自我管理；四是以问题为导向、水质为参照，指导河长日常工作的开展。在此基础上，广州逐步构建出基于河长管理信息系统的日常、分级、预警、调度四种管理模式。

2018 年年底，广州市在市、区、镇（街）、村（居）四级河长基础上设置九大流域河长，统筹协调流域内河湖管理保护、水环境治理等工作，督促指导流域内区级党委、政府履行职责，推动各项重点难点工作落地见效。2019 年年初，广州市又依托全市 19660 个标准基础网格，在河（湖）长制工作中推行网格化治水，为每一个治水网格配齐网格员、网格长并明确职责，由此形成以流域为体系、以网格为单元，横向到边、纵向到底，全覆盖、无盲区的多级治水体系。广州河长管理围绕"源头控污"的治水思路，把基层河长的管理作为河长制的源头来抓，将责任压实到网格长，形成市、区、镇（街）、村（居）、网格长的五级河长管理体系。

基于河长制名实相副的目标，广州不断探索河长管理的科学措施和有效路径，经过近两年的实践和总结，逐步形成了"一个系统、两重保障、三种履职、四种管理、五级巡查"的"12345"河长管理体系，实现对河长智能化、科学化、系统化的管理，继而压实河长履职（见图 3.2）。

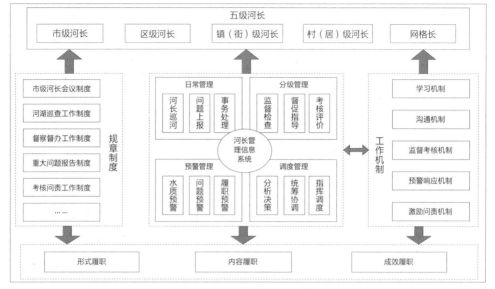

图 3.2　广州河长管理体系图

3.2 一个系统

　　广州河长管理信息系统是以"管理河长、服务河长"为宗旨，以构建责任明确、监管有力、信息共享、联动快速、互动顺畅、考核到位的河长管理平台为目标，建设的五位一体"互联网＋河长制"监管平台（见图3.3）。系统紧密围绕河长履职全过程，从学习沟通、日常办公、社会监督、履职评价、履职监管五个方面打造管理闭环，以帮助河长提升履职水平、提高工作效率、强化监督督促，确保河长制工作落实到位。

图3.3　广州河长管理信息系统示意图

3.2.1　学习沟通平台

　　在全面推行河长制之初，河长对河长制尚不熟悉，部分河长缺乏治水管水经验，而且随着治水工作的不断深入和水环境的好转，河长的履职水平和要求也需要与治水的阶段性相适应。为了保障河长履职紧跟河长制目标，广州河长管理信息系统通过"广州河长APP"为各级河长构建了一个经验交流、相互学习的平台，力图打通信息孤岛，为河长提供丰富、及时的资讯（见图3.4）。

图3.4 河长 APP 信息发布专栏

新闻动态　他山之石　经验交流　河长须知　河湖名录　政策法规　河长接听电话抽查情况

广州河长 APP 内置"河湖名录""新闻动态""经验交流""他山之石""河长须知""政策法规"等栏目，通过展示河湖名录、河长名录等基础信息，帮助各级河长了解自身履职范围，了解履职范围内河湖概况；通过展示各大媒体发布的重要治水新闻和与水务相关的法规政策，帮助河长了解最新的治水思路策略以及与自身工作相关的法规政策；通过漫画或图表形式展示河长履职相关的工作指引，帮助河长掌握河湖基本情况、学习履职的方法技巧；通过展示各级河长在日常工作中的优秀做法，让各级河长有机会交流河湖治理的成功经验；通过展示其他省、市治水的经验方法，帮助各河长因地制宜，总结汲取经验，并运用到日常的工作中去。

广州在"广州河长 APP"上打造包括全市各级河长、各级河长办、职能部门通讯录，专项工作组和各级事务处理会话群等内容的即时通信工具，提供快速、便捷的问题上报、事务流转沟通渠道（见图3.5）。各级河长、河长办、职能部门管理人员可以通过即时通信功能及时沟通河湖问题、快速协调处理相关问题，提高日常履职工作效率，从而打破部门、区域、层级的壁垒，实现问题即时发现即时沟通、多部门在线协调、事务处理在线反馈跟进的高效处理模式。

图 3.5　即时通信连通责任主体

3.2.2　日常办公平台

基层河长的主要工作是巡河与发现问题，重复性工作较多，人工记录容易遗漏与出错；从管理河长的角度来看，纸质化管理的弊端主要是问题无法跟踪、过程无法监控、成效难以对比，加上河长数量庞大，必须借助信息化手段。因此，广州河长管理信息系统开发河长工作平台，面向河长提供移动办公环境。河长可以通过河长 APP 在线记录巡河情况、分类上报问题、查看问题流转情况（见图 3.6）。同时，系统考虑手机断电、信息不稳定等情况，支持河长离线巡河、问题上报；针对河长个人提供个性化的巡河记录查看、待办事项提醒等功能。通过工作平台，河长能够方便、快捷地开展日常工作，了解并及时处理待办事项等。

河长履职内容涉及巡河达标、问题处理、四个查清完成、下级河长管理等，面对多个分散的履职工作要求，河长表现出无所适从、抓不住履职重点的情况。为了方便各级河长及时掌握自己的履职记录，追溯自己的履职情况，广州首创为 3000 多名河长推送河长周报（见图 3.7）。周报以不同级别河长的履职侧重点为主线，梳理出各级河长的综合履职内容，以此从广州河长管理信息系统

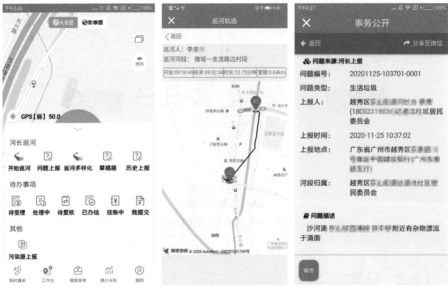

图 3.6   "广州河长 APP"工作台界面

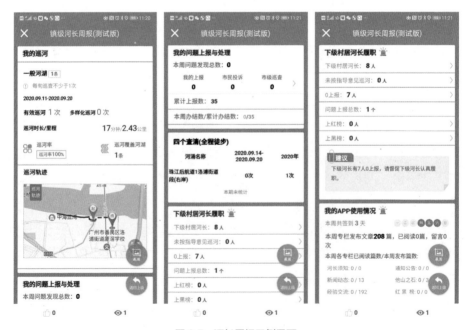

图 3.7   河长周报示例界面

中自动抓取河长各项履职的最终结果，清晰明了地反馈给河长，帮助河长了解自己是否按规履职，并通过历史对比助力河长及时纠偏，有效提升自我履职水平。

3.2.3 社会监督平台

为了强化河长管理的监督手段，广州市开通治水投诉微信公众号和公众投诉电话，利用公众的力量监督河长履职过程、验证履职结果（水质）。通过"广州治水投诉"微信公众号，向市民展示广州河湖管理保护相关政策资讯、河长巡河情况、河湖河长名录、水质情况等，鼓励群众参与水环境的治理和保护；通过建立微信红包奖励机制，鼓励市民及时发现周边河湖问题并进行投诉举报，且河长可以通过 APP 查看市民上报的河湖问题，了解社会关心、关注的重点，并及时补充自身履职中未发现或忽视的河湖问题（见图 3.8）。通过在每条河湖边竖立

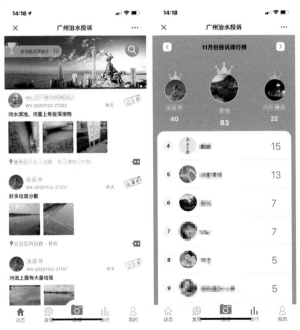

图 3.8 "广州治水投诉"微信公众号界面

河长公示牌，公开河长受理投诉电话，使市民能在发现问题时及时向责任河长反馈，有效利用公众的力量补充河长履职疏漏，尽力确保所管辖区域内的河湖问题无遗漏。

3.2.4 履职评价平台

为了维护河湖治理成效、实现"长治久清"，必须确保河长制"见行动""见成效"。广州河长管理信息系统通过履职评价工具，对河长履职的全过程进行可量化的综合评估，帮助河长掌握自身履职的突出点和薄弱点，及时调整工作思路与计划，提升履职效率（见图3.9）。

广州以不同水质状态的河湖问题为导向，建立了197条黑臭河湖的河长履职评价体系，根据各级河长履职侧重点的不同，对广州197条重点河涌的区、镇（街）、村（居）三级河长管辖的黑臭河湖进行周期性的评价。基于排水监测站现有覆盖监测的197条黑臭河涌污染源贡献量数据，该履职评价体系在广州河长积分制的基础上，增加与河长履职内容、成效相关的指标，包括污染贡献量

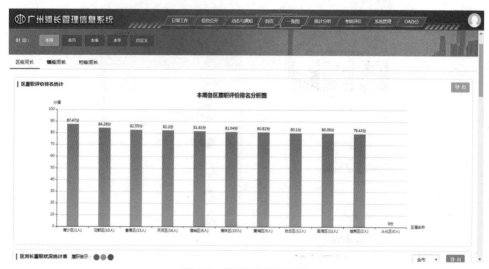

图3.9　履职评价平台界面

（按月）、巡河率、问题完结率、下级河长履职情况、红黑榜上榜情况，对河长履职情况进行综合全面的评价，得出评价得分。如此一来，既掌握河长的履职行为结果，提升河长综合履职水平，又从评价结果中不断调整、挖掘新的河长管理手段与方式，互为关联，层层助推。

河长制实施之初，河长对工作的落实存在一定的抵触性，因此，广州在河长 APP 上设置了红黑榜，以履职评价结果为基础，对河长履职进行分析，寻找优秀河长竖标立榜，对履职不到位河长通报警示，褒贬并行，以点带面，带动河长提高履职意识。红黑榜是基于广州河长 APP 的河长履职情况通报平台，在河长周报的基础上进一步严格预警指标的预警响应手段。通过对河长周报中履职数据的连续性变化分析，监控河长履职变化趋势，进一步挖掘河长履职闪光点、薄弱点和不足之处，对履职优秀、分级管理到位以及积极推进治水工作的河长进行示范表彰，以供他人学习效仿；对河长履职不到位、应付式巡河、打卡式巡河、上报问题避重就轻、分级管理不力、问题推进不力等情况进行公开督促和提醒。

广州河长管理信息系统还设立了河长积分榜单，通过对河长巡河、问题上报、登录签到、专栏阅读等履职行为分类量化，自动计算河长积分并进行排名，充分发挥正面激励先进、及时提醒鞭策后进的作用，鼓励和督促基层河长履职尽责（见图 3.10）。

3.2.5 履职监管平台

河长制是新时代山水林田湖系统治理的重要制度创新，全面推行河长制、保护江河湖泊，关乎经济社会发展和人民群众切身利益。通过履职监管工具，实现河长履职的实时监管，是确保河长制实施的最直接有效措施。

广州河长管理信息系统对河长巡河、问题上报、事务流转、河湖水质等情况进行实时展示，各级河长可通过系统平台实时掌握下级河长履职全过程情况，并通过系统开展督促和检查工作；各级河长办可通过平台实时查看管辖范围内河长

图 3.10　河长榜单界面

履职情况，并对河长工作进行督办交办等处理。

为了能够实现对区域、流域内全部河长的整体监管，广州河长管理信息系统按照"河段－河长－问题（盆）－水质（水）"四者强关联对河长日常工作效率、效果和效益进行分析和比对，并通过河长履职监管一张图实时展示，对履职不积极、不到位的河长和区域进行提醒和预警，帮助领导决策单位部门及时掌握河长履职状态，实现河长履职监管可视化（见图 3.11）。

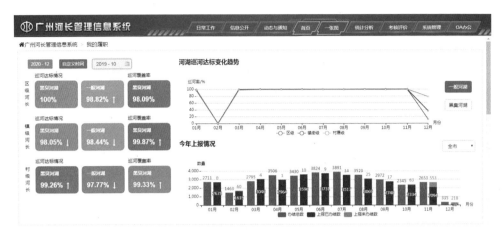

图 3.11　履职监管界面

3.3 两重保障

建立完善的工作制度与机制，是全面建立河长制的重要任务，是确保全面推行河长制落到实处、工作取得实效的重要保障。全面推行河长制初期，全国河长制都在摸索中前进，广州市按照上级要求，出台了河长会议、信息共享、工作督察、考核问责和激励、验收等制度，并积极研究探索，结合广州河湖管理保护的实际情况，因地制宜地建立了河湖巡查、重大问题报告、联合执法、工作督办、谈话提醒、投诉举报等工作制度和学习、沟通、监督考核、预警响应、激励问责等工作机制，规范河长履职，明晰责任分工，加强统筹协调，确保河长制工作抓实抓好、取得实效。

3.3.1 河长工作制度

广州市将制度建设作为河长制顺利开展的基础条件和首要工作，在全面推行河长制过程中，先后制定了一系列行之有效的工作制度，要求河长、河长办和职能部门依制度办事、用制度管人，明晰河长及各相关部门单位的职责，推动河长制工作的有效运转，为河长履职搭建了一个"议事有规则、管理有办法、操作有程序、过程有监控、职责有追究"的衔接紧密的行政运转体系（见图3.12）。

图 3.12　河长工作制度类型

3.3.1.1 日常履职规范制度

坚持问题导向、长效管理是广州河长制的基本原则之一。为了保障广州的饮用水安全，解决河涌黑臭问题，广州市河长办以"每条河湖都有人管、每个河长都知道怎么管"为立足点，相继制定出台了河湖巡查制度、重大问题报告制度、投诉举报受理和办理制度等一系列日常履职规范制度，以各级河长为责任主体，将河湖管理保护工作常态化，为河长履职提供具有实效性、易上手的操作指引。

1. 河湖巡查

河湖巡查制度从巡查主体、巡查对象、巡查内容、巡查频次、巡查记录、问题处理和巡查要求等七个方面对广州市河长巡河工作进行了规定阐述，是一项以广州全市河湖为巡查对象，市、区、镇（街）、村（居）四级河长均须参与的河长常态化工作制度。广州市内的水体以河湖水质状态为依据，划分为黑臭河湖与一般河湖，河湖巡查制度规定了各级河长巡查责任河湖的周期，要求对黑臭河湖的巡查频率比一般河湖巡查频率更高。

同时，从村（居）级河长到市级河长，责任河湖巡查范围逐级递增，河湖巡查制度规定各级河长巡查河湖的工作重心各有不同。其中，村（居）级河长行政权力较弱、管辖范围相对较小，主要职责是巡查河湖，发现异常情况或河湖问题须及时上报；镇（街）级河长巡查河湖的同时，要对责任河湖范围内力所能解决的问题予以解决；区级河长及市级河长责任河湖范围广、区域大，工作重心主要在于巡河过程中，协调解决责任河湖范围内的重点、难点问题，例如涉及多部门、多行业、跨行政区域、跨流域等的问题。

2. 重大问题报告

为加强和规范河长制重大问题的处理，确保河长及时准确地掌握河湖重大问题、发挥领导核心作用并及时有效解决问题，广州市河长办主要针对区、镇（街）、村（居）三级河长，制定了重大问题报告制度，明确了属地负责、逐级报告的原则，规定了凡属职权范围的重大问题，各级河长首先要各负其责，认真研究解决；除严重危及群众生命和重大财产损失的之外，一般应逐级报告，不越级报告。

为了对河长履职形成有效的监督管理，在重大问题上报过程中，各级河长应同时将问题抄报其上级河长办。同时，对在重大问题报告工作中迟报、谎报、瞒报、漏报有关信息的人员，将给予通报批评；造成不良后果的，对负有直接责任的分管领导及直接责任人将依法依纪追究其责任。

3. 投诉举报受理和办理

调动社会力量让普通民众参与河湖保护工作是广州河长制工作的重要组成部分，为了畅通社会监督渠道、提高市民对广州河长制工作的满意度，广州市河长办制定了投诉举报受理和办理制度，规范河长处理市民投诉的工作流程及受理要求，对问题办理时限、办理结果反馈方法方式等进行了严格规定，并纳入各区河长制及各级河长履职考核，确保市民投诉举报的问题能及时得到解决，提高市民参与治水的积极性和幸福感、获得感。

3.3.1.2　监督协调制度

河长制是河长责任制，河长履职与河长制工作的推进成效直接相关。为了强化河长履职监管，广州市河长办制定出台了工作督察、工作督办、河长会议、联合执法等制度办法，开展河长制工作的监督检查和统筹协调，明确了对河长履职的过程和结果监督督察、统筹协调的方式方法。

1. 工作督察

为了全面、及时掌握各区河长制工作的进展情况，确保河长制工作能够有效落地执行，广州市河长办制定出台了工作督察制度，由上级河长对下级的河长制实施情况及河长履职情况进行督察，并对督察范围、内容、形式、结果运用等进行了明确规定，以实现督促河长履职尽责、落实河长工作责任的目的。同时，督察结果及督察整改情况会在全市范围内通报，并作为河长制考核的重要依据。

2. 工作督办

督办是保证决策实施、狠抓工作落实的重要手段，是提高执行力的有效途径。为了提高河长工作效率，结合工作实际，广州市河长办制定出台了工作督办制度，对河长制工作中的重大事项、重点任务以及重大舆情和信访事件等，根据任务的紧急重要程度进行日常督办、专项督办或者重点督办，对相关责任单位、河长办、河长明确查处期限及结果上报要求。工作督办制度通过对督办事项按照任务交办、任务承办、督办反馈、立卷归档四项程序建立运行机制，对督办事项办理情况及时获取反馈、全程进行跟踪建档，确保上级部门和河长及时掌握下级部门和河长的处理情况，为督察工作的高效、有序开展打造了程序化、规范化的模式和方法。

3. 河长会议

河长会议是实现河长制工作民主研究、正确决策、科学部署的基础措施。广州市各级河长办结合区域实际，出台相应的河长会议制度，对河长会议召开的形式、研究内容、会议频次等作出了规定。通过规范化的河长会议制度，加强对河长制相关部门单位、各级河长的管理统筹，确保工作沟通渠道顺畅，为广州市各级河长贯彻落实上级全面推行河长制的方针政策和决策部署，研究辖区内河长制工作重大决策部署，总结河长制经验成果，部署年度工作任务，协调解决跨区域、跨部门的河长制工作重大争议、河长制推行中全局性重大问题等提供平台。

4. 联合执法

鉴于治水工作涉及面广、涉及单位多、有许多问题需要多个部门协调解决的情况，广州市河长办制定了联合执法工作制度，探索建立合法合理、统一指挥、联合行动、各司其职、责任追究、高效规范的跨部门合作机制。该制度规范了全市范围内涉及河湖水污染源的水环境联合执法工作，对执法的范围、主要内容、牵头部门、责任主体、执法方式、执法结果通报和处置等方面进行了规范，对各部门之间的分工协作、责任落实进行了明确：即由广州市河长办统筹协调，市河长办各成员单位负责具体实施联合执法。同时，对于联合执法行动中存在的违法违规、履职错误、不履职行为的责任单位及相关工作人员，根据广州市的责任追究办法追究责任，以保障河长制联合执法工作的顺利进行。

3.3.1.3 考核评价制度

强化问责考核是保障河长制有效推行的重要措施之一。2017年9月，广州市河长办根据中央、广东省委省政府对考核制度建立的要求，建立了由上级河长对下一级河长履职情况进行考核的河长考核制度，并将各级河长考核细则制定的权力下放至各区，形成因地制宜的差异化考核方法。河长考核制度规定按照考核准备、考核自查、考核实施、考核报告、考核反馈的程序对河长逐级考核。考核制度对考核的目标、对象、范围、形式等进行了一定的规范，明确了根据河长制年度目标任务的不同，河长考核内容的差异，各级河长考核内容、形式也由于职责、任务的差异而不同。同时，在考核制度中也明确了考核评价与激励问责的关系，督促河长积极履职。

3.3.1.4 责任追究制度

河长制是以党政领导负责制为核心的河湖管理保护制度。依法治水、科学管水，需要明确各级河长职责，建立健全责任追究制度，落实属地责任，强化激励问责。为加快推进广州市水环境治理，规范责任追究工作，根据相关法律法规，结合广州实际，广州市河长办制定了水环境治理责任追究、违法建设责任追究等责任追究制度，追责对象全覆盖、追责情形严格细分，对河长履职情况进行监督考核。对责任不落实、工作不到位导致发生严重后果的，严肃追究责任；对表现突出、履职优秀的河长，及时予以表彰奖励。

3.3.2 河长工作机制

为了确保河长制工作制度有效运转、河长正常履职，广州市河长办在河长制实施推进中不断建立健全相关工作机制，逐渐形成了包括学习、沟通、监督考核、预警响应和激励问责等管理机制，以实现河长科学化、规范化、标准化管理，并以信息化手段，将各项机制（或部分）予以细化落实，融入河长的日常工作中，贯穿于河长管理的全过程（见图 3.13）。

3.3.2.1 学习机制

推进河长制落实是一项需要持续发力的长期任务，为实现治水目标，河长不仅要履职，还要履职到位；不仅要履职到位，还要有实际的成效。为了使河长深

激励问责机制
出台责任追究制度
干部提拔与履职成效挂钩

学习机制
多部门信息共享制度
线上学习平台
线下定期培训

预警响应机制
投诉举报、督察督办制度
三级报灯预警
分类督办、督促整改

沟通机制
信息报送、问题报告制度
线上沟通工具
定期召开河长会议

监督考核机制
差异化考核评价制度
履职数据实时采集、分析
社会监督、上级监督

图3.13 河长工作机制组成

刻认识到全面推行河长制的重要性与紧迫性,进一步增强河长的使命感与责任感,提升河长的履职技能与水平,广州市河长办先后推出工作指引、河长漫画等引导河长高效率、高效益地开展工作,并积极开展调研、座谈等,及时掌握

各级河长履职情况,适时组织经验交流、讲座培训,逐步建立线上交流学习与线下调研培训相结合的河长学习机制,线上线下双管齐下、两手齐抓,形成良好的学习机制,为河长正确履职做好知识储备(见图3.14)。

图3.14 河长培训现场

3.3.2.2 沟通机制

河湖管理保护是一项复杂的系统工程,涉及上下游、左右岸、不同行政区域和行业。要有效推进河湖管理保护工作,需要各级河长按照职责分工各负其责,与相关部门单位协调联动、密切配合,以提高解决问题的效率。多级河长的管理,增加了沟通的难度和复杂性,为了确保上下级沟通渠道的顺畅和信息传递的及时准确,帮助河长及时了解工作安排、任务进展、突发事件跟进等,广州市河长办

建立沟通机制，通过河长 APP 的即时通信平台将沟通的过程简化，实现信息的及时、顺畅传递，建立自上而下与自下而上双向的交流机制，加强河长之间、河长与职能部门之间的沟通，避免出现信息反馈滞后、问题解决缓慢的情况；同时也节约办公成本，实现了沟通的有效性，使整体工作效率大幅提高（见图 3.15）。

3.3.2.3 监督考核机制

加强监督考核是保证河长执行力、确保河长制有效推行的重要手段。为推动河长日常工作，激励河长认真履职，广州市河长办建立监督考核机制，包括广州河长考核评价指标体系、广州河长 APP 河长履职积分指引、广州 197 条黑臭河涌河长全过程履职评价指标体系，对河长履职情况实行差异化考核评价，对河长履职情况进行督察；建立人大监督、政协监督、市级督办等监督渠道（见图 3.16）。监督考核机制以河长制办公室为实施主体，负责河长制实施的监督考核工作，将考核结果作为地方党政领导干部综合考核评价的重要依据，以达到有效保障各级河长认真履职的效果。

3.3.2.4 预警响应机制

防范胜过救灾，科学预警是应急机制的重要内容，是做好应急工作的基础。水污染治理刻不

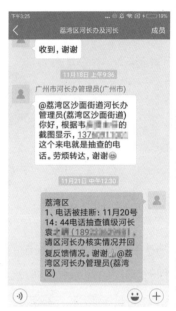

图 3.15 河长群沟通界面

图 3.16 代表、委员巡河界面

容缓，这要求责任领导在问题出现时，要迅速反应并作出决策。根据广州河湖治理现状，广州市河长办探索建立了河湖水质变化情况和河段水污染问题的预警响应机制，通过信息化手段，对"河段 – 河长 – 问题（盆）– 水质（水）"进行关联分析，根据各级河长、河长办管辖河长履职波动、责任河湖水质变化情况及时提供预警预报，帮助相关责任部门单位及责任人做好决策调度，从而提升河湖管理保护的反应能力，帮助河长办及河长实现河湖问题由被动解决向主动预防的重要转变（见图 3.17）。

6月通报预警数据

序号	通报单位	河涌	内容	时间	图片查看
1	南方日报	文流涌杨二村段	河面有较多漂浮物，河水绿色，无明显臭味。	2020-06-01	🖼
2	广州电视台	文流涌杨二村段	河面有较多漂浮物，河水绿色，无明显臭味。	2020-06-01	🖼
3	广州电视台	文流涌杨二村段	河面有较多漂浮物，河水绿色，无明显臭味。	2020-06-01	🖼

6月水质预警数据

序号	河涌	行政区	氨氮（mg/L）	溶解氧（mg/L）	透明度（cm）	氧化还原电位（mV）	COD（mg/L）	BOD5（mg/L）	总磷（mg/L）
1	文流涌杨二村段	白云区	0.2	0.5	40	40	0.08	0.08	0.08

图 3.17　水质预警界面

3.3.2.5　激励问责机制

正向激励和惩处问责并举是解决"为官乱为、为官不为"的关键所在。广州市河长办通过应用考核评价体系和督察抽查等手段，对河长履职情况进行评价，对违反有关法律、法规、规章、政策和标准的，不履职或者不正确履职的河长，通过信息化平台、书面等方式进行通报；同时实行生态环境损害责任终身追究制，对造成生态环境损害、导致水环境治理不力或者水质明显反弹的河长，严格按照有关规定，依法依规追究责任。对表现优异、治理成果突出的河长通过河长周报、红榜等进行鼓励表彰。广州市河长办通过坚持正向激励和惩处问责并重的举措，既惩处乱作为、问责不作为、纠正慢作为，又鼓励激励干部敢担当、勇作为，真正让勤勉干事者得到褒奖，推动河长制工作有效落实。

3.4 三种履职

构建党政领导负责制的河长责任体系，是河长制打破九龙治水格局的创新举措，既是河湖管理保护工作的新思路，也是新挑战。为了使河长认真履职、河长制工作落地见效，广州市河长办从形式、内容、成效三个方面促进河长履职（见图3.18）。

图3.18 三种履职形式

3.4.1 形式履职

中央提出全面推行河长制之初，各地河长制都是在探索中前进，河湖管理保护机制有待健全。广州河长履职主要基于相关制度对河长职责和日常工作的规范要求，在河长还未完全熟悉工作职责、工作任务的时期，河长主要按照文件规定按时按量完成工作内容，主要包括按照规定的周期、频率、时长、里程等开展巡河，积极上报问题，按照整改要求的时间办结河湖问题，定时使用河长APP开展巡河、交流学习等，即开展形式履职。

以河长积分榜、红黑榜等为辅助手段，广州市河长办对河长形式履职的监管有效地促进了河长巡河与上报问题的积极性，各级河长基本按照文件要求，对责任河湖定期进行沿岸巡查，上报河湖问题，问题流转顺畅，办结率不断提高，广州市河长办推行河长制的车轮滚动了起来，河长制形貌初具。

3.4.2 内容履职

根据管辖河湖的水质、污染状况等的不同，河长履职的方式有所不同。对于黑臭河湖而言，河长更要重视管辖范围内的河湖管理保护工作，及时发现和制止污染和违法问题，从源头减轻污染。因此，河长在形式履职之外，要注重内容履职，根据管辖河湖的不同情况，关注问题高发、频发的河段和区域，科学制订巡河计划，合理规划巡河的路径与周期频率，积极关注问题处理过程。

随着形式履职的压实，河长日常工作有序开展，河长管理信息系统也逐渐积累了大量的河长履职数据。为了进一步压实河长履职，广州市河长办组织对系统内河长履职的过程数据进行挖掘，以"互联网＋河长制"为抓手对河长内容履职进行监管，通过线上线下的通报约谈等辅助手段，实现了对河长虚假巡河、问题少报瞒报、问题处理推诿扯皮和久拖不办等情况的有效监管，河长巡河得到科学管理，问题上报质量不断提高，问题超期、随意办结等情况也不断减少。基于内容履职的数据挖掘和分析，广州河长管理的手段也得以不断创新和压实，广州河长制在实现全市河湖有河长的基础上，实现了河长履职质量的不断提升。

3.4.3 成效履职

解决河涌黑臭问题是广州河长制的重点工作，也是实现广州河湖"长治久清"需要迈出的第一步。在广州黑臭河湖治理的重要阶段，对于各级河长而言，成效履职是关键，即积极采取有效措施解决黑臭河湖问题，保持河湖不黑不臭是最主要的工作目标和任务。

水质是检验河长工作成效的根本标准。成效履职监管是通过水质数据有效监控河长履职的正确性，可实现对河长河湖治理、下级河长管理、问题解决质量等工作结果的有效监管，为河长履职匡正方向，从根源上对河长的履职行为进行纠偏。广州市河长办以问题为导向，根据城市排水监测站每月的水质监测数据、系统内各级河长的下级河长履职综合数据、河长责任河湖问题反弹情况等数据的挖掘分析，对河长辖区内的控源情况、水质变化情况进行评价，从而形成对河长履职成效的监管。

3.5 四个管理

广州市河长办利用信息技术手段在治水工作中的先发优势，运用云计算、大数据分析等手段，开展河长管理的广泛深入探索，形成了以日常管理、分级管理、预警管理、调度管理为主的河长管理框架。通过明确河长职责，细化工作措施，加强履职监督，落实预警调度，达到河长责任层层落实、河湖治理多管齐下的效果（见图 3.19）。

图 3.19　河长管理框架

3.5.1 日常管理

为切实掌握河长日常工作实际情况，在河长履职异常时能迅速采取有效措施，以促进河长工作有序有效推进，广州市河长办以河长管理信息系统为抓手，对河长巡河、问题上报、事务处理、沟通交流、学习培训等日常履职行为进行管理。广州各级河长以 APP 工作台作为履职的主要阵地，开展巡河、问题上报、事务处理等工作；以 APP 的即时通讯平台作为日常沟通的首要方式，协同处理涉及多部门、跨区域的河湖问题；以信息公开平台作为自我提升的重要渠道，学习交流河湖治理保护知识和履职经验。系统基于这三个平台对河长日常工作的跟踪记录，采集河长履职数据，通过考核评价系统对河长履职数据进行统计分析和考评，以根据考评结果对河长履职进行督促。利用大数据对河长履职工作的进度、质量进行把控，实现对河长日常工作的实时化、精细化、智能化管理。

1. 河长巡河

　　河湖巡查是广州的市、区、镇（街）、村（居）各级河长的本职工作，是发现河湖问题的重要手段，是落实河长制的基础性工作。广州市河长制办公室印发《广州市河长湖长巡查河湖指导意见》（穗河长办〔2018〕562号），从巡查主体、巡查对象、巡查内容、巡查频次、巡查记录、问题处理和巡查要求等七个方面对广州市河长巡河工作进行了规定阐述。同时，广州市河长办推出"广州河长APP"工作台实现河长信息化巡河，在线记录河长巡河台账（见图3.20）。系统通过巡河台账，分析河长巡河是否达标、是否科学合理，周期性地对河长巡河情况作出评价，对存在不足的地方，提醒河长及时调整巡河计划。

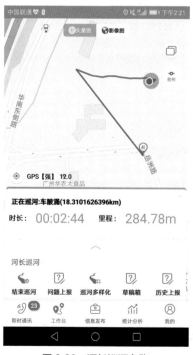

图 3.20　河长巡河台账

2. 问题上报

河湖巡查不是走形式，而是要积极发现污染源等河湖问题。广州市河长办明确了对于河长巡查中发现的问题，可通过APP、书面、电话等形式及时上报（见图3.21）。为确保河长积极对待这项工作，广州市河长办还广开社会监督之门，开通市民投诉、人大和政协监督等渠道，实现河湖问题的多渠道采集。通过广州河长管理信息系统对各个来源的河湖问题数量、类型、分布情况的分析对比，掌握河长是否认真开展巡河、积极上报问题，对河长少报漏报、隐瞒不报等疑似情况组织专门的工作人员进行现场调研复核，情况核实后对相应河长进行提醒、约谈或问责。

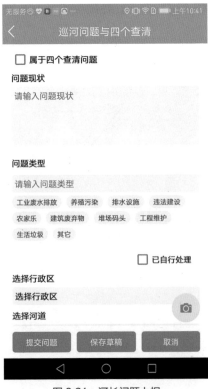

图 3.21　河长问题上报

3. 问题处理

市、区、镇（街）、村（居）各级河长根据权责的不同，对责任河湖范围内的问题处理承担相应的职责。通过河长上报、市民投诉、人大和政协监督、市级单位巡查等发现的河湖问题，广州河长管理信息系统根据其所属责任河湖范围，将其与各级河长进行关联。市、区两级河长根据职责所在协调督促、组织保障有解决问题职能的各单位人员对系统内的问题进行受理、转办、督办、退回、撤销等操作，镇（街）、村（居）级河长依据职责参与对河湖问题的管控维护、巡查保洁等工作（见图3.22）。为确保问题处理的效率和质量，广州市河长办对系统内问题流转数据进行统计分析和挖掘，针对推诿扯皮、随意办结、久拖不办等情况，提醒各级责任河长及时履职办结。

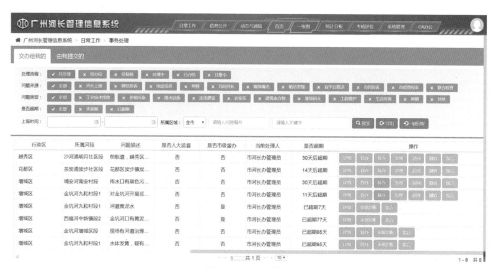

图 3.22　问题处理

4. 沟通交流

广州河长 APP 的即时通讯平台为各级河长、河长办、职能部门提供即时联络工具，河长可以在线上传图片、视频、定位，快速联系相关责任人员或单位部门，避免传统电话上报、书面沟通等带来的问题描述不清晰、地点定位不准确、责任人员难联系等难题，提高事务处理的效率（见图 3.23）。管理部门也可通过即时通信平台对河长工作进行监督、督促和指导，突破时间和空间的限制，确保事务的高效推进和处理。

图 3.23　即时通信工具

5. 学习提升

学习是河长不断进步的重要过程，广州河长 APP 提供工作指引、河长常识、他山之石、新闻动态、制度公开、政策法规等让河长掌握履职技巧与技能、学习他人先进有效治河之法及优秀治河理念的功能模块（见图 3.24）。河长不仅可以通过线上平台随时随地学习和交流心得，还可以通过线下培训学习政策法规解读、信息化工具的使用、履职小技巧，交流和探讨履职过程中遇到的疑难问题。广州市河长办还建立了河长积分制度，对河长的学习培训进行激励，为河长搭建科学有序的进步之梯。

图 3.24　河长学习栏目

3.5.2　分级管理

广州市水系发达，江河湖泊众多，各级河湖河长总数 3000 余人，管理实施难度大。在中央和广东省委省政府的宏观调控下，广州市河长办对河湖进行"分条""分块"，以河湖的分段为基础，实现河长的分级关联关系，保证河湖管理全覆盖，河长管理纵向到底、横向到边（见图 3.25）。

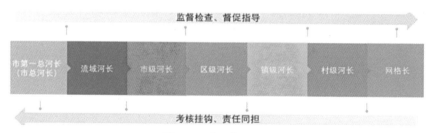

图 3.25　分级管理说明

广州市河长制工作不断明确和细化各级河长的权力与职责，同级河长之间的管理责任相互独立，上下级河长之间责任层层细化和落实，各级河长按照职责划分，各在其位、各司其职、各负其责。在此前提下，逐步形成河长分级管理模式，通过上级河长监督指导下级河长履职、下级河长履职直接与上级河长考核挂钩的方式，实现上下联动。广州河长分级管理以四种管理措施和五个管理工具为助力，实现河长的分级管理。

分级管理的第一步是掌握管理对象的履职情况。广州河长制通过河长APP推出河长周报，各级河长可以查看下级河长的履职周报，了解下级河长巡河、问题上报、问题处理、"四个查清"完成情况、责任河湖水质等，当下级河长履职存在问题时系统将对相应的履职内容进行预警和给出相关建议，提醒河长加强监督下级河长履职。系统还提供统计分析工具，帮助河长对所有下级河长的履职情况进行综合统计分析，助力河长据此分析自身在管理下级河长过程中的薄弱点和改进方向。上级河长掌握其责任下级河长的履职状况后，可根据问题所在对下级河长通过即时通讯进行在线工作督办、问题交办平台进行交办或者进行现场工作督察等方式，督促下级河长履职，对于下级河长履职不到位的情况，上级河长有权对其开展谈话提醒等工作，传导工作压力（见图3.26）。

分级管理不仅要见行动，也要见成效。下级河长的履职方式和过程纳入上级河长的管理范围，下级河长的履职结果与成效也是上级河长管理成效的体现方式之一。广州市河长办制定上下级河长履职挂钩的197条黑臭河涌履职评价指标体系，将下级河长的履职行为、履职内容、履职成效纳入上级河长的考核之中，将分级管理落到实处，通过精细化的分级管理，促进河长制工作的有效推进。

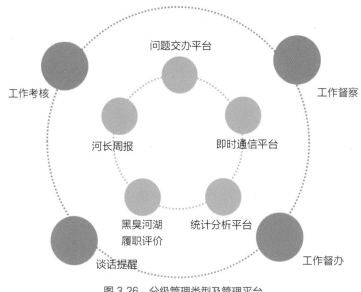

图 3.26　分级管理类型及管理平台

3.5.3　预警管理

预警管理是以水质变化为参照，以问题为导向，从推进河长制落实的任务目标和实际情况出发，制定明确的预警监测指标，对河涌水质、河湖问题、河长履职情况进行监督，实现河长履职风险的可量化、日常化和可视化管理。

广州河长管理信息系统通过建立"河段－河长－问题（盆）－水质（水）"四个强关联，全方位量化分析、科学客观评价河长工作成效。系统以河长日常工作为基础，制定预警监测指标，利用信息化手段对河涌水质、河湖问题、河长履职情况进行监督，对河湖水质不达标、水质恶化等情况进行预警，对河湖重大问题发现、问题反弹等情况进行预警，对河长巡河不符合要求、打卡式巡河、问题上报不积极、问题解决效率和质量低等河长履职情况进行预警。系统通过河长周报和一张图展示偏离预警监测指标的数据，并进行预警提醒和建议，为河长办监管河长、上级河长管理下级河长、河长自我管理提供决策依据和方向（见图 3.27）。

实时展示履职动态
履职风险及时预警

河长、河湖、问题、
水质关联分析

履职监督　分析决策

指挥作战一张图系统

指挥调度　统筹协调

跨区域、跨部门紧密
配合

多级河长协调联动

图 3.27　指挥作战一张图系统说明

3.5.4　调度管理

调度管理在河湖治理过程中起着统一指挥、统筹协调的作用，它与预警管理相结合，涵盖了监督、督办、协调、落实等多项内容的管理，通过有效的调度机制约束这些工作的内容行为及策略，以达到整体工作质量提升的目的，是河长制工作稳步高效推进的基础。通过调度管理，可以全面、及时、准确的了解到事情的最新动态，并迅速作出反应，作出切实可行的决策部署。

广州河长管理信息系统对采集的河湖数据、河长履职数据进行关联分析和统计，与预警管理相结合，通过指挥作战一张图以及河湖数据、履职数据、水质数据，全面、及时、准确地分析掌握事情的最新动态，并迅速对河湖问题作出反应，进行统一部署、指挥和协调。

3.6 五级河长

　　2017 年 3 月，中共广州市委办公厅、广州市人民政府办公厅印发的《广州市全面推行河长制实施方案》（穗办〔2017〕6 号），将落实重点河湖一日一查、其他河湖一周一查，主干排水收集设施一日一查、其他设施一周一查列为河长制主要任务的内容之一。广州市河长制办公室印发了《广州市河长巡河指导意见》（穗河长办〔2017〕10 号），对区、镇（街）、村（居）三级河长巡河工作进行了规范，对河长巡查内容、巡查频次、问题处理、巡查记录等提出了明确的要求。随着广州市河长制组织体系的完善和河长职责与管理范围的明确，广州市河长办出台了新的《广州市河长湖长巡查河湖指导意见》（穗河长办〔2018〕562 号），增加了市级河长的巡河规范，并对河湖问题进行了明确的类型划分，便于河长上报和数据统计分析。

　　2018 年 11 月，广州市第一总河长签发总河长 2 号令，提出在广州九大流域设置流域河长，并要求流域河长巡查督导责任流域河湖每季度不少于 1 次，形成 "河长领治、上下同治、部门联治、水陆共治" 的良好工作格局。2019 年 3 月中旬，总河长 3 号令签发，决定在广州推行网格化治水，在全市 19660 个网格设立网格长和网格员，将巡查管理等治水工作落实到每个网格单元。通过网格员发现问题、上报问题，各地河长根据职责去落实解决问题，从而形成有效的 "网格长、村（居）河长巡查发现问题，镇（街）河长处理处置问题，区级以上河长统筹协调问题" 的机制，实现河长巡查工作由 "水" 向 "岸" 深化、控源重点由 "排口" 到 "源头" 转换。至此，广州 "市 - 区 - 镇（街）- 村（居）- 网格" 的五级河长巡河体系形成。

4 | 实践篇
SHIJIAN PIAN

　　本篇是"12345"河长管理体系在广州践行的经验分享（见图4.1）。在实践过程中，初步形成了河长制从"有名"向"有实"转变的具体路径和方法，并不断融入管服并重的理念，运用河长周报、针对性培训等多种工具帮助河长履职。按照"河段 – 河长 – 问题（盆）– 水质（水）"四个强关联的分析方法，广州河长制工作进一步完善河长履职考核标准，强化追责问责约束，形成层层收紧的河长监管机制，从而促进河长从形式履职、内容履职向成效履职转变。

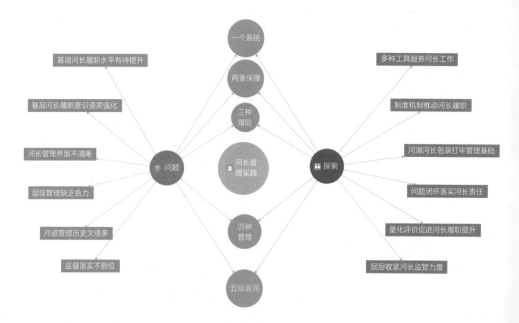

图 4.1 实践篇导读图

4.1　开局之难

全面推行河长制之初，由于水环境治理历史欠债多、制度机制不健全、监督落实不到位等原因，河长履职存在积极性不足、水平弱、效率低等问题，在河长制工作的落实和压实过程中，面临一系列亟待解决的难题。

4.1.1　基层河长履职水平有待提升

针对部分基层河长对开展河湖管理工作存在"不会管，以致不想管"情绪的状况，广州河长管理信息系统于 2017 年 9 月投入运行使用，并积极推行"掌上治水"模式，推动河长办公信息化。系统投入使用一段时间后，部分基层河长对如何通过手机安装的广州河长 APP 开展签到、巡河、涉河湖问题上报及处理等存在畏难情绪、抵触情绪。系统上线并开展培训后，部分基层河长数月都未登录开展巡河工作，或仅在办公区域开启系统不外出沿河岸巡河，导致系统搁置，河长履职情况不详，数据统计不全。

4.1.2　基层河长履职意识亟须强化

按照广州河长制工作规定，基层河长需要积极巡河，并在巡河过程中积极发现污染源问题，做到截污控源，改善水质。但部分基层河长履职意识淡薄，没有把巡河目的和要求落到实处，工作浮于表面。通过系统监管和市级现场巡查等手段，发现基层河长存在正常巡河但漏报、瞒报问题等打卡式巡河、应付式巡河的情况，暴露出"会管了，但又懒得管"的心态。

4.1.3　河长管理界面不清晰

在河长制建立之初，虽然明确了各级河长职责，但由于河湖管理界面不清晰，各级河长管理河湖具体范围不够明确，出现了基层河长"会管、勤管，但又漏管了"的现象。部分河长巡河、上报问题积极，但履职范围只覆盖了一河两岸，忽视散乱污、畜禽养殖等问题源头在岸上的情况。

4.1.4 层级管理缺乏合力

五级河长之间存在层级管理的关系，然而在河长制推行之初，上下级河长之间的相互监督管理联系不够紧密，如部分镇（街）级河长不清楚自己管辖了多少个村（居）级河长、管辖村（居）级河长工作进展情况如何，村（居）级河长也不知道具体管辖自己的镇（街）级河长是谁，出现了"上下河长各管各的"情况，治水合力明显不足。

4.1.5 河湖管理历史欠债多

根据广州河涌管理相关规定，河涌两岸蓝线范围内不得建有建筑设施，但各区都存在涉水违法建设、污水直排等历史遗留问题，难以实现两岸 6m 范围内全线贯通、杜绝污水直排等要求，出现了基层河长小马拉大车，"会管、勤管，但又管不了"，因此上报问题避重就轻的现象。

4.1.6 监督落实不到位

据统计，2018 年 1—7 月，市河长办发出问责交办通知 14 份，启动了 40个水环境治理问题的执纪问责，市、区两级河长办对 70 名不履职或不正确履职的人员作出问责处理。然而在针对严重的污染问题时，部分区河长办近 5 个月没有落实监管，出现了河长管理缺位的情况。

4.2　河湖名录打牢管理基础

4.2.1　健全水系结构

2017 年开始，广州市河长办组织开展全市河湖名录编制及电子标绘工作，补全河湖名录及数据，落实具体分管责任人，为河长制全面开展打牢基础。一是对全市具有行洪、纳潮、排涝、灌溉等功能的所有天然及人工江河、湖泊、水库名录进行整编，明确了全市 1368 条河流河涌、水库、湖泊的各级责任河长、河长具体管辖的对象和范围（见图 4.2）；二是对小微水体的边沟边渠名录进行增补，明确小微水体河长、河长职责和管理范围。通过不断完善广州市水体名录及责任人等基础数据，河湖名录编制工作实现了对全市水体的全覆盖，并以电子地图的方式，确保了水体治理界限分明，实现了全市河湖河长的一一对应，为河长履职提供便利，同时为实行河长制信息化的"四个关联"分析奠定了基础，为河长履职管理创造了条件。

图 4.2　河湖名录界面

4.2.2 打破上下级壁垒

截至 2019 年 6 月，广州市共设立河长 3030 名，其中市级河长 13 名，区级河长 275 名，镇（街）级河长 1019 名，村（居）级河长 1723 名。河长名录在信息系统内向全体河长公布，可自由查询。区级以下河长名录的数据更新由各区河长办负责，区级、市级河长名录的数据更新由市河长办负责。通过完善河长名录，一是建立多级河长关联，各级河湖河长可通过河湖名录实现上下级、左右岸、上下游河长的查询，便于协调联动开展工作；二是为河长责任体系建立奠定基础，系统基于河长名录信息，将"河段－河长－问题（盆）－水质（水）"进行关联，压实河长责任，为河长办管理河长、上级河长管理下级河长提供条件。

4.3 制度机制推动河长履职

为推动河长制向纵深发展，强化河长履职尽责，广州河长制在实施推进中建立完善了落实责任、发现问题、解决问题、监督考核、激励问责五大机制，以河长制考核、责任追究为主线，以干部提拔、调整为抓手，以专项督察和暗访为手段，以广州河长信息管理系统为平台，多措并举，强化责任落实（见图4.3）。

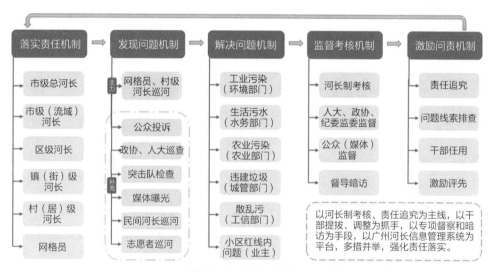

图 4.3 河长制五大机制

4.3.1 建立河长落实责任机制，形成有效责任分工

为了夯实河长制工作基础，广州市河长办坚持以压实河长责任，发挥河长领治作用为核心，落实河长制责任体系，完善责任机制。

按照区域与流域相结合原则、分级管理与属地负责相结合原则，广州市河长办构建了1市、11区、171个镇（街）、2701个村（居）、19660个网格的河长组织体系，涵盖全市各部门、各单位，实现河湖长全覆盖。广州市由市委书记担任市级第一总河长，市长担任市级总河长，增设市委副书记为副总河长，各区区委主要领导担任本区总河长。对于重点河段，由市委、市政府领导担任市级河长，河湖流经的各区、镇（街）、村（居）的党政主要领导担任同级河长。各级政府按要求落实构建河长制办公室，从各部门抽调相关人员，统筹河长工作，各区河长办根据《广州市全面推行河长制实施方案》（穗办〔2017〕6号）的规定，承担广州市河长制实施的具体工作，发挥联合治水的作用，实现与其他单位协调联动。同时在原四级河长基础上，广州市河长办创新设置九大市级流域河长，向下延伸设置网格长，进一步明确各级河长职责，压实河长责任，有效完善了"全覆盖、可追溯、可倒查"的多级河长责任体系，为广州各地各级河长履职建立了可操作、可评价、可考核、可追责的基础。

4.3.2 建立发现解决问题机制，规范基层河长行为

全面推行河长制以来，广州市河长办逐步出台和完善了近30项工作制度，规范河长履职行为，并围绕河长主要职责逐步形成了"网格员、村（居）河长巡查发现问题，镇（街）河长处理处置问题，区级以上河长统筹协调问题"的发现解决问题机制。

为防止河长止步于形式巡河，《广州市河长湖长巡查河湖指导意见》（穗河长办〔2018〕562号）规定了河长有效巡河的条件，指导河长湖长巡河履职发现问题，通过APP流转、办理问题，河长巡河轨迹在系统上都可实时监控。为推动河长积极认真上报问题，广州市河长办明确了河长上报问题的程序，并对问题类型、问题性质进行了清晰的定义，对河长履职不到位的情况制定了精细的追责程序，并通过市民投诉问题等形式实现对河长上报问题积极性的监督。在河长电话接听及处理工作指引中，为规范畅通公众参与渠道，保障公众的知情权、参与权、监督权，对于河长电话接听、问题记录、答复办理、督办、反馈都有明确的流程和办理时限，甚至还规范了河长电话接听的规范用语。为了推动各级河长积极协调解决河湖问题，广州市河长办出台了河长会议制度，对需要召开会议的情形作出了相关规定，如市河长办统筹协调，根据存在问题和困难所涉及的层面，

采用不同层级的协调，包括工程督办协调、治水联席会议协调、市政府协调（每月治水治气会议）、市全面推行河长制工作领导小组协调（研究重大问题）等，以此提升河长履职水平。

4.3.3 建立监督指导机制，营造全民监督氛围

紧密围绕"开门治水，人人参与"的治水新思路，广州市河长办力推从政府部门治水转变为全民参与治水，不断丰富和创新治水手段，规范广州市河长日常工作，推动河长履职尽责，逐步完善监督指导机制。

一是创新信息化监督体系，推出广州河长 APP，由各区根据《广州市全面推行河长制实施方案》（穗办〔2017〕6 号）的要求，按照各级河长的巡河任务，运用河长 APP 对河长的日常巡河工作进行数据统计，定时对缺勤河长通报批评；其次，各区利用微信群、QQ 群等互联网平台，将巡河时发现的河流问题及时上报至工作群，实现信息共享制度、工作督察制度，完善了"互联网＋河长制"，使河流治理更有成效。

二是对内下沉监督指导。成立市"四治"专项督导组，设立 11 个督导工作组全职下沉驻点全市 11 个区，督促各区加快推进工作；组成水污染防治专项督导工作，推动水污染治理进展；组建一支 60 人暗访队伍，不定时下沉各区开展治水进展及相关问题的调查、取证工作，对突出问题予以交办和媒体曝光，对于问题严重的，提交纪检、监察机关予以立案调查问责。

三是畅通媒体与社会监督渠道，坚持开门治水。在广州市河长制的运行过程中，主动公开河长制相关信息，线上线下定期公布更新"河长""河段长"名单，在河段明显位置竖立"河长""河段长"公示牌，标明"河长""河段长"职责、河湖概况和监督电话等内容，并开通违法排水举报、治水投诉两个微信公众平台和 APP 中人大、政协监督通道，主动接受社会和群众监督，组建车陂女子凤船队、"乐行驷马涌"、"民间小河长"、高校青年志愿者等 165 支 2087 人参加的护水队。聘请民间河长 754 人，设置河道警长 127 名，3972 名党员认领 559

个河湖。"广州治水投诉"微信公众号受理市民投诉 8612 宗，发放红包 3879 个，红包金额共计 28405 元（见图 4.4）。

图 4.4　全民治水实例

《羊城论坛》《有事好商量》《民声热线》等政论类节目不断织密水污染治理问政大网，畅通市民与政府部门沟通渠道。《南方都市报》《新快报》等报刊及时曝光群众反映的河涌黑臭问题，媒体紧紧依靠群众力量深挖问题根源，跟踪细节，倒逼有关部门提高工作效能。同时，高密度、高频次报道河涌治理成效和宣传优秀河长履职，形成示范引领作用，最大限度地赢得群众对治水工作的理解与支持。同时广州各区河长办还积极探索民间河长制、河道警长制，如海珠区率先提出由"河长""河道警长"和"民间河长"三者合力协同治水的新思路；白云区积极探索"河道警长"和民间河长等工作制度；其他各区通过设立由大学生、志愿者、当地乡贤组成的民间河长团队等方式，鼓励个人、社会组织、媒体积极参与，拓宽公众参与治水渠道，推进河涌维护工作。

4.3.4　建立考核问责机制，加码河长履职压力

按照《广州市全面推行河长制实施方案》（穗办〔2017〕6号）要求，广州市制定了《广州市河长制考核办法（试行）》（穗河长办〔2017〕47号），每年对各区河湖长制工作进行考核，《办法》包括指标考核、工作测评、公众评价三部分，考核各区党委、政府的河湖管理保护责任，推进水污染防治、水环境治理、水资源保护、河湖水域岸线管理保护、水生态修复、执法监督的工作落实情况。不断完善河长制考核办法及问责机制，将各级河长制实施情况纳入全面深化改革以及最严格水资源管理制度考核，将考核结果作为地方党政领导干部综合考核评价的重要依据，强化了河长的考核问责。此外，各区镇（街）级河长考核办法由区政府根据《广州市镇（街）级河长考核指引》，结合本区实际制定。各镇（街）村（居）级河长考核办法由镇（街）根据《广州市村（居）级河长考核指引》，结合本镇（街）实际制定。

2018年，中共广州市委办公厅、广州市人民政府办公厅印发的《广州市水环境治理责任追究工作意见》（穗办〔2018〕10号），对违法建设、散乱污、治水工程慢等问题整改不及时，重大项目推进不到位，治水效果不明显，攻坚克难项目抓落实不得力的，加大问责力度。广州市水务局出台《广州市排水管理办法实施细则》（穗水规字〔2018〕5号），就排水排污、定时监测管理工作进行明确规定，并于同年8月，对全市600多名河长和市、区两级水务干部开展监督问责培训，逐步完善监督机制。数据显示，截至2019年年底，共计对330名不履行或不正确履行职责的各级干部、工作人员进行责任追究，其中，2017年共计61人，2018年共计70人，2019年共计199人，责任追究方式包括党内严重警告、政务记大过、党内警告、政务记过、责令公开道歉、诫勉、通报批评、责令书面检查、约谈等。

4.4 多措并举服务河长工作

4.4.1 出台指引，助力河长学习提升

（1）出台工作指引，明确工作细则。根据广州河长管理信息系统数据的分析，系统刚上线时，河长在巡河、上报问题、处理问题等环节都存在一定的问题，存在河长对零星漂浮物等不处理的问题、APP 操作问题等非河涌问题进行上报，借日常出行之便在远离河岸的商业区、居民区即打开 APP 巡河等问题。在与河长、河长办充分沟通后，掌握到部分河长由于不清楚做法、流程导致履职情况不佳，广州市河长办制定了《广州河长 APP 巡河问题识别工作指引》《广州河长 APP 巡河问题上报工作指引》《广州河长

图 4.5　河长 APP 工作指引封面

APP 巡河工作指引》等 12 个工作指引（见图 4.5），规范河长工作，指导河长找准、找好、处理好问题，河长乱上报、巡查不规范等行为大量减少，实际问题占总问题比例大幅上升，河长实现对河段管理范围巡查全覆盖并对河涌问题进行适当溯源，大大提升了河长履职水平。

（2）设计河长漫画，指引河长履职。基于部分基层河长，特别是村（居）级河长，对相关河长履职文件的理解有一定的困难，部分河长对开展工作也不知从何入手，广州市河长办针对不同时期的工作特点和要求，逐步出台多部河长漫画（见图 4.6），将河长制相关政策、治水措施、治水理念等通过形象传神的卡通漫画形式进行宣传，展现河长工作、河长周报等与河长履职相关的知识及实用工具，让河长能更直观理解相关内容，帮助河长更好地履职。

图 4.6　河长漫画创作里程

　　在河长管理信息系统上线初期，针对河长利用河长 APP 履职不熟练，履职水平较低的现状，2017 年年底，广州市河长办推出《河长的一天》漫画，细致阐述河长职责，普及河长履职所需基本知识以及如何利用 APP 进行日常履职。2018 年，广州市河长办陆续推出了《河长 APP 实用手册》《问题识别有妙招》《我们的优秀河长》《履职不力要问责》《大家一起来治水》《共筑清水梦》《河长的得力助手》河长系列漫画共 7 册，分别从日常履职、监管、问责、全民治水、未来展望等多方面细致、有针对性地介绍河长制相关内容，针对大部分河长对于河长 APP 使用不熟悉的情况，解说河长 APP 各项功能，帮助河长尽快熟悉河长 APP 的使用，加快河长制信息化进程，全方位多层次提升河长履职水平。

　　2018 年 5 月，针对河长对河涌问题分类不明确的情况，广州市河长办推出了《问题识别有妙招》，帮助河长认识各类河涌问题，提高河长上报问题质量，提升河长履职水平。同年 6 月，针对部分河长存在不履职的情况或者履职不到位的情况，总结相关经验，广州市河长办推出了《我们的优秀河长》《履职不力要问责》两册漫画，用于河长学习如何成为优秀河长，警惕不履职行为。同年 8 月，根据广州治水理念和治水构想，制作了《大家一起来治水》《共筑清水梦》两册漫画，着重介绍参与到治水工作中的各种民间角色如河长警长、巡河护河团体、民间小河长等，以及对于未来治水工作成果的美好畅想。

2018年7月16日，"四个查清"工作和"河长周报"正式在河长APP上线，河长反馈使用时遇到不少困难。针对这个情况，广州市河长办在2019年1月推出了《控源这样动真格》《厉害了！我的河长周报》两册漫画，针对"四个查清"工作与"控源"思路的关系、"四个查清"工作的实际内容、"河长周报"该如何使用、"河长周报"能如何提升河长履职分别通过漫画进行讲解，目的是让全体河长更好地完成"四个查清"工作以及更好地利用"河长周报"协助履职。

2018年10月，水利部印发了《关于推动河长制从"有名"到"有实"的实施意见的通知》（水河湖〔2018〕243号），根据文件内容，广州市河长办结合河长履职以及河长管理工作，出台了《管好"盆"和"水"》《有名有实》两册漫画，深入浅出地讲解作为河长如何管好"盆"和"水"以及作为河长应该如何做到有名有实等内容，帮助河长理解文件、落实文件要求，从而提高河长履职水平，帮助河长从"形式履职""内容履职"向"成效履职"转变。

（3）丰富学习内容，供河长学习提升。河长制是一项创新的河湖管理保护制度，全国各地都在如火如荼地开展河长制工作，广州市河长办也积极探索本土化方针和举措，鼓励各级河长、河长办实际情况实际分析，因地制宜推进治水工作。由于广州各区域面临的水污染情况错综复杂，如违章建筑拆除难、"散乱污"企业屡禁不止等历史遗留问题，河长工作推进面临诸多困难，治水工作缺少参考借鉴、试错成本高。为了打破河长制推行初期的种种困境，为河长们开展治水工作提供思路和开阔视野，广州市河长办紧跟河长制最新要求，放眼全国学习优秀治水经验策略，通过APP专栏《通知公告》《他山之石》《经验交流》《工作小结》《政策法规》《红黑榜》以及河长接听电话抽查情况等栏目对河长制相关信息进行发布，供全体河长学习和参考。一是关注本地新闻网站搜索治水相关新闻，及时上传至《新闻动态》栏目，向河长传递最新的治水内涵；二是关注水利部网站、外地河长办微信公众号、百度新闻等内容，收集相关优秀的外地治水工作经验，并上传至《他山之石》栏目；三是安排专人进入 11 个区 70 余个河长制工作群，每天从中筛选质量较高的工作简报上传至《经验交流》栏目，每月根据当月各区上报的简报内容，总结各区工作总体动态，整理形成月度工作小结（见图 4.7）。

图 4.7　河长 APP 专栏

4.4.2　沟通顺畅，提升河长办公效率

　　河湖问题的解决往往需要多个部门的协调联动。河长制实施初期，河长领治的新格局虽然形成，各部门多是仍然单一、传统地解决问题，工作效率低下。2017 年 10 月，某村级河长林某发现一宗工业废水排放问题，随即上报至系统，由区河长办核实问题后，进行分发处理，该问题性质复杂，厂区地址横跨两个片区，同时涉及违法建设及污水排放，处理需要跨区、跨部门联合执法，在传统的电话沟通模式下，问题几次易手，仍难以界定权责，在部门、区域间的流转耗费大量时间，最后才得以解决。广州市河长办借鉴微信的快速沟通模式，破解传统

治水书面汇报速度慢、电话联络说不清、当面沟通没时间的难题，在河长 APP 通过内置的即时通信功能，实时帮助各级河长办提升辖区内外不同部门之间的沟通效能，及时处理河湖管理业务工作。截至 2019 年 9 月，广州市河长办通过即时通信向各级河长推荐本市最新治水动态及各区先进经验 183 条，帮助各区河长办、河长提升管理和履职水平；向各级河长推荐外地省市先进的经验及做法 157 条，启发河长们因地制宜地开展河长制相关工作；通报市巡查发现的重大河涌问题 981 宗，督促相关责任单位迅速开展整治工作，降低不良影响；298 个各级职能部门就问题解决办理流程通过即时通信与各级河长、河长办进行沟通交流；通报河长

图 4.8　即时通信助力河长沟通

电话抽查情况，督促各区河长办压实河长履职，同时提醒各级河长做好电话接听工作；及时帮助河长解答、处理使用河长 APP 中遇到的各种问题和困惑，帮助河长熟练使用河长 APP（见图 4.8）。

4.4.3　组织培训，指导河长开展工作

广州市河长办在河长制工作中历来注意及时收集各区问题和需求，并协调解决。通过开展各区基层河长、河长办工作人员调研，召开座谈会等形式，深入交流，从而了解河长日常工作中遇到的诸多难题（见图 4.9）。在某次座谈会上，镇（街）级河长张某反馈，自己曾因巡河不达标、问题上报率低被市河长办通报，但自己刚上任不久，对工作职责和问题上报的分类情况还不熟悉，提出河长办能否为新入职河长提供相应的支持，助力河长迅速上手工作。在调研座谈中，广州市河长办也了解到，各级河长履职都存在不同程度的疑惑和困难，如新上任河长反映不熟悉工作职责与内容，工作上手慢；新老河长均反映河长 APP 功能丰富但不

图 4.9　现场调研

会用，难以发挥功效；基层河长对广州河长制的文件理解不到位，工作推进不顺畅等。为了帮助新任职河长尽快胜任和适应本职工作，提升新老河长履职意识、增强工作技能，从而提升河长的工作效率，广州市河长办以服务河长为宗旨，为各级河长提供政策法规解读、履职技巧培训、经验举措分享等一系列服务，为河长综合水平提升搭建平台。

　　2018 年以来，广州市河长办先后开展了 26 次河长制相关培训，主要针对全市各区镇（街）级河长、村（居）级河长、各级河长办工作人员、相关职能部门工作人员，开展指引解读、使用培训、答疑解惑等工作，共培训 3000 余人次（见图 4.10）。培训内容涉及河长 APP、PC 端业务、河长 APP 基本业务、

图 4.10　河长培训现场

河长制责任及如何推进河长制、"四个查清"工作、河长周报使用等多项内容。以服务的意识指导区河长办开展河长管理工作，增加河长办与河长的互动，不断提升广州河长管理和河长制管理的水平。

4.4.4　河长周报，协助河长自我管理

在河长制推行过程中，广州河长制工作逐渐形成了较为成熟的河长日常履职规范和要求，如河长需要定期开展巡河、"四个查清"等，通过河长管辖河湖的水质、河湖的污染源数量、问题发现及处理情况等对河长进行日常的考核评价，并进行相应的激励问责。2018 年 4 月，通过系统数据分析，发现村（居）级河长曹某存在巡河工作不符合文件要求、零上报的情况，且市级现场巡查发现曹某管辖河段水质黑臭、涌边存在几处疑似违法建设的情况，随后广州市河长办以履

职不到位对曹某进行了通报。事后，曹某反馈自己管理河湖多、河湖问题杂，难以及时掌握所辖河湖的最新状态、河湖巡查完成与否等履职情况。针对这一现状，广州市河长办面向基层河长进行了调研访谈，多数河长均反馈存在上述情况。为了帮助河长及时掌握自身履职状态，广州市河长办依托河长 APP，设计履职反馈工具——河长周报，定期向各级河长推送个人履职情况报告，协助河长科学有效履职，降低河长的问责风险和履职压力。

河长周报主要展示河长每周的日常工作开展情况，包括河长巡河、"四个查清"、水质变化、黑臭河涌履职评价、管辖河湖问题发现及处理、下级河长履职、河长 APP 使用等情况，并对河长履职不到位、履职薄弱环节进行预警，帮助各级河长及时掌握自身及下级河长履职状态、分析履职成效，从根源抓住履职存在的问题，并提醒河长根据实际情况及时调整工作计划。各级河长周报展示内容因职能不同而异。

河长通过周报掌握自身巡河达标情况，及时调整巡河计划。周报根据《广州市河长湖长巡查河湖指导意见》（穗河长办〔2018〕562 号）的要求，向各级河长展示其开展有效巡河的日期、频次、时长、里程、巡河的轨迹地图等，并对河长巡河不符合文件要求的地方予以提醒并给出建议。河长还可以通过周报查看管辖河段的"四个查清"任务是否完成，并根据建议完善该项工作（见图 4.11）。河长还可通过周报了解所管辖河段的问题发现和处理情况。周报展示河长管辖河段的问题来源对比，以及上级交（督）办问题的情况和

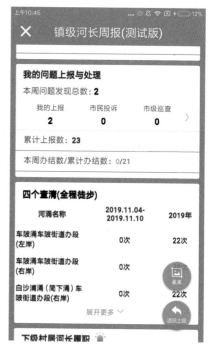

图 4.11　周报中河长"四个查清"
及发现处理问题情况

问题办结、超期情况，帮助河长及时关注存在问题高发、公众投诉严重等河段，以及时调整后续工作重点，加强巡河工作并跟进问题解决。

根据广州市城市排水监测站提供的每月水质变化情况，在周报中展示河长管辖河段水质同比上月情况。河长通过查看所管辖区域河段水质，加强水质恶化河段的巡河及问题上报。上级河长还可查看其责任下级河长日常工作的基础数据和工作不符合相关要求的情况（见图4.12）。针对存在巡河不达标、履职不力问题上报不积极、"四个查清"未完成、被黑榜通报等情况的下级河长，加强监督指导。根据河长反馈，以前履职的时候，由于工作繁忙，偶尔会出现漏巡河的情况，掌握了河长周报的功能后，能够清晰地了解自己的巡河情况、问题上报及解决情况等信息，同时，基层河长的履职数据特别是巡河率、问题上报数及"四个查清"完成数等数据的规范性、完善性有了显著提升。

图4.12　周报中水质变化及下级河长管理情况

4.4.5　成效

通过培训、座谈会、出台工作指引和系列漫画，指引各级河长提升工作水平，以河长周报为监管工具，促进各级河长履职水平不断提高。广州市村（居）、镇（街）、区三级河长巡河率分别从2018年1月的77.02%、88.52%、

89.39% 提升至 2019 年 6 月的 94.05%、95.27%、98.74%，各级河长巡河率均有显著提升，各级河长巡河情况呈现向好趋势（见图 4.13）。

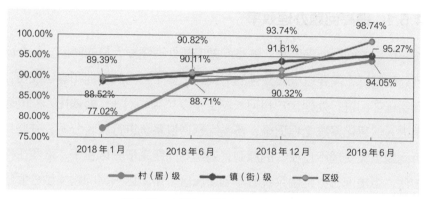

图 4.13　广州市三级河长巡河率变化图

　　广州市基层河长上报问题情况同样也有显著改善，从 2018 年 1 月的村（居）级上报 153 个、镇（街）级上报 224 个提升至 2019 年 6 月的村（居）级上报 2219 个、镇（街）级上报 952 个，问题上报情况反映出各级河长对履职情况、河涌治理工作的重视程度也日益提升（见图 4.14）。

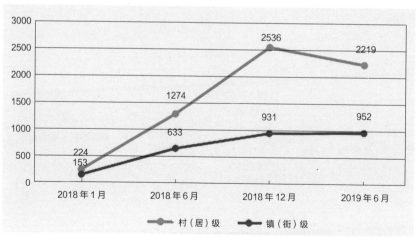

图 4.14　广州市基层河长问题上报数量变化图

4.5 问题闭环落实河长责任

4.5.1 提高问题办理效率

按照传统的问题处理流程，各类问题流转处理需要大量的时间。一个问题从发现到处理完毕，需要以纸质文件的形式经过多个部门的审批和确认权责，最后落实到责任部门进行处理。广州河长制工作以"互联网+"为依托，从问题发现环节就进入信息化系统全程记录，各类问题通过系统进行流转分派，并坚持"市民投诉问题当天受理不过夜"的原则，对河湖问题采取分区包干、落实工作责任人的做法，由市河长办经由系统分派到所属区，所属区根据问题类型分派给区职能部门或镇（街）河长办进行下一步处理，问题办结后提交系统申请办结，由区河长办进行问题的复核办结。可以办结的就在系统上办理复核办结进行销案，如复核认定为不能办结的，继续进入流程由相关部门继续跟进或挂账处理，普通问题从上报到办结一般只需四、五天，大大提高了问题办理的效率（见图4.15）。同时系统收集从投诉到办结过程中出现的问题，及时反馈至区河长办，由区河长办牵头组织相关部门协调处理，提高问题的办理效率，避免问题办理超期导致办结率降低。

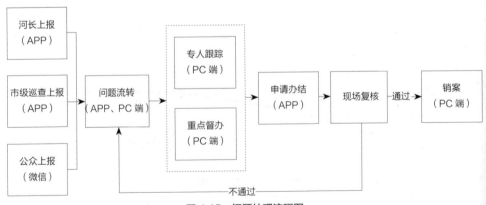

图 4.15　问题处理流程图

4.5.2 加强问题流转闭环

问题的处理质量与治水成效息息相关，为了避免出现随意办结的情况，广州河长制工作采取信息化手段全程跟踪投诉到办结的过程，切实做好问题闭环。市民或河长投诉的问题进入到河长信息系统，经过市、区、镇（街）三级河长办相关部门处理后，由镇（街）级河长办申请办结，并由区级河长办进行复核办结。同时由市河长办委托专业巡查队伍到现场对问题进行复核，由此形成问题流转闭环（见图4.16）。如果责任单位按要求完成整改，区河长办就可对该问题进

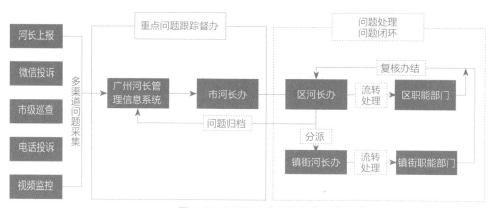

图4.16 问题闭环管理示意图

行办结销案。如发现问题未彻底整改，将由市河长办发出纸质交（督）办通知，勒令问题所在区按时按要求完成整改，如到期未完成整改，则对失职单位和人员启动问责机制（见图4.17）。

图4.17 问题发现处理现场图

4.5.3 加大重点问题督办力度

河湖问题的整改是河湖水环境改善的关键所在，而重点问题对河湖水质影响较大，因此，广州市河长办紧盯重点问题的整改，安排专人每日对市民、河长投诉的问题进行梳理，发现重点问题立即进行系统督办，严重的问题提交市河长办进行纸质交（督）办，由市河长办污控组协调区河长办追查问题根源所在，并进行及时处理（见图4.18）。

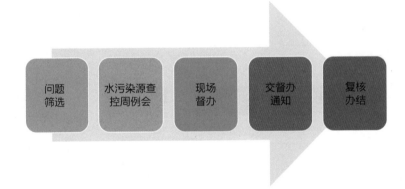

图 4.18　问题督办流程

同时，市河长办还定期对问题进行筛查，对随意办结、推诿扯皮、久拖不办等情况，召开问题协调会向各区河长办进行通报，交区河长办按要求处理。2018年5月，市河长办在广州河长管理信息系统中发现一起由于地域和水域分属不同单位（部门）管辖引起的推诿扯皮问题，就处理该问题来说，又存在不同单位的职能交叉，致使该问题一度在多个单位（部门）、区属和市属层面流转而未能有效解决。广州市河长办立即组织相关单位召开问题协调会，对问题进行精准定性，厘清与会单位职能，最后根据河长制"属地负责"的原则，交由所属区河长办限期组织处理整改，并跟踪问题的后续处理情况，督促区河长办按时完成整改。问题整改前后对比见图4.19。

图 4.19 问题整改前后对比图

4.5.4 成效

通过优化问题流转程序，对各区河长办赋权，压实问题办结主体责任；建立重大问题台账，实现 APP 交办功能和问题跟进机制。截至 2019 年 12 月底，各级河长已利用 APP 上报事务 7 万余宗，处理事务 69438 宗，办结率 95.5%（见图 4.20）。

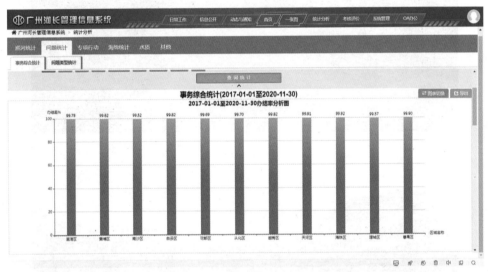

图 4.20　广州全市事务综合分析界面

4.6 量化评价促进河长履职

为了进一步压实河长履职，保障水体消除黑臭的河涌水质不反弹，通过对与河长履职相关的因素进行分析，广州市河长办在 2018 年 8 月建立了一套面向管辖黑臭河涌河长的 197 条黑臭河涌全过程河长履职评价体系，以数据统计的方式对各级河长的巡河、问题上报、问题处理、下级河长管理、水质、激励问责等方面进行量化评价，并以不同指标的评价结果为依据，对各级河长按照文件要求开展工作的情况、工作取得的成效进行监管。

各级河长通过履职评价分数，对自身履职存在不足的方面一目了然，结合周报中相应的履职内容详情，分析影响履职评价结果的具体原因，有针对性地对自身履职情况进行纠偏（见图 4.21）。值得一提的是，评价体系将下级河长的履职评价结果作为其上级河长履职评价的内容，使河长能够快速直观地掌握自己管理下级河长的效果，从而实现河长的分级管理。履职评价体系同时也是各级河长办监管河长履职的重要依托。河长办通过对管辖的行政区域内所有河长的履职评价结果进行综合分析，及时掌握区域内河长的整体履职水平，对履职突出的进行

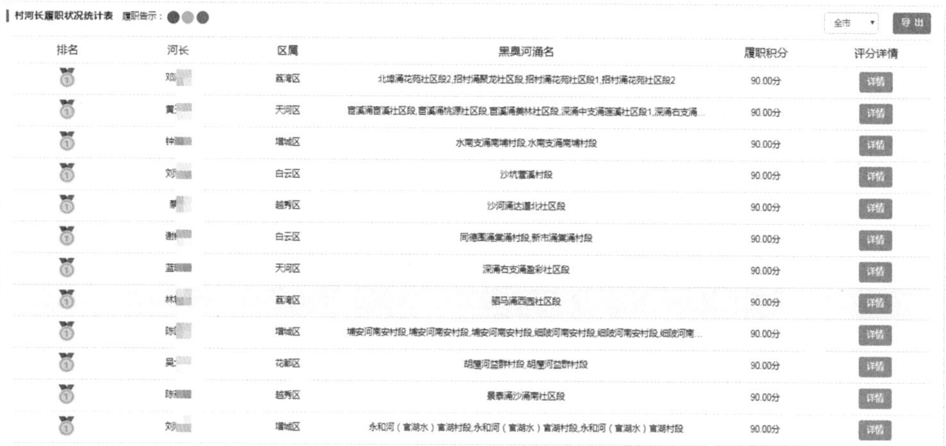

村河长履职状况统计表　履职告示：

全市　导出

排名	河长	区属	黑臭河涌名	履职积分	评分详情
1	邓	荔湾区	北塘涌花苑社区段2,招村涌聚龙社区段,招村涌花苑社区段1,招村涌花苑社区段2	90.00分	详情
1	黄	天河区	官溪涌官溪社区段,官溪涌桃源社区段,官溪涌美林社区段,深涌中支涌莲溪社区段1,深涌右支涌…	90.00分	详情
1	钟	增城区	水南支涌南埔村段,水南支涌南埔村段	90.00分	详情
1	刘	白云区	沙坑营溪村段	90.00分	详情
1	李	越秀区	沙河涌达道北社区段	90.00分	详情
1	谢	白云区	同德围涌棠涌村段,新市涌棠涌村段	90.00分	详情
1	蓝	天河区	深涌右支涌盈彩社区段	90.00分	详情
1	林	荔湾区	驷马涌西园社区段	90.00分	详情
1	陈	增城区	埔安河南安村段,埔安河南安村段,埔安河南安村段,细陂河南安村段,细陂河南安村段,细陂河南…	90.00分	详情
1	吴	花都区	胡屋河益群村段,胡屋河益群村段	90.00分	详情
1	陈	越秀区	景泰涌沙涌南社区段	90.00分	详情
1	刘	增城区	永和河（官湖水）官湖村段,永和河（官湖水）官湖村段,永和河（官湖水）官湖村段	90.00分	详情

图 4.21　河长履职得分明细

经验总结和推广，对存在问题的进行研究和改进，以实现更好地对河长工作的日常管理和调度管理。

　　履职评价体系对河长的评价，从文件规定的日常基础巡河，到河长处理问题的进度、管理下级河长的成果和最终的水质变化结果，涵盖了形式、内容和成效三个角度，结合当下广州河湖治理的重心，对河长履职的不同角度有一定的侧重（见图4.22）。在全面剿灭黑臭水体的阶段，河长管辖河湖的水质对河长履职评价结果有着重要的影响；在保持河湖不黑不臭的阶段，水质与下级河长管理、问题上报与处理等对河长的评价结果有着相对重要的影响。由此，通过197条黑臭河涌全过程河长履职评价体系，实现在河湖治理不同要求下，对河长三种履职转变的促进。

　　自河长履职评价体系推出以来，区、镇（街）、村（居）三级河长履职水平有不同程度的提升，2018年7月至2018年12月三级河长履职评价平均分数呈上升趋势，区级由7月的72.88分提升至85.91分，镇（街）级河长履职评价平均分由69.69分提升至73.23分，村（居）级河长履职评价平均分由68.19分提升至71.49分（见图4.23）。

形式履职　　　　内容履职　　　　成效履职

日常管理、分级管理、预警管理、调度管理

图4.22　"四种管理"促进河长履职转变

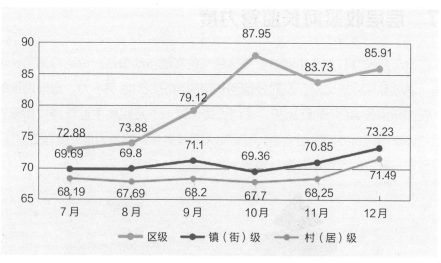

图 4.23　2018 年广州全市 197 条黑臭河涌三级河长履职评价平均分统计

4.7　层层收紧河长监管力度

广州市河长办利用广州河长管理信息系统实现自动跟踪、快速检测河长履职数据，通过数据分析比对，及时提醒河长履职情况，对履职不力、虚假巡河的河长，在广州河长 APP 的红黑榜、《河长管理简报》及媒体中进行通报和曝光，严重的移交市河长办问责组追责，层层加大河长警示和问责力度，传导工作压力，倒逼履职不到位的河长提升自身履职水平和意识（见图 4.24）。

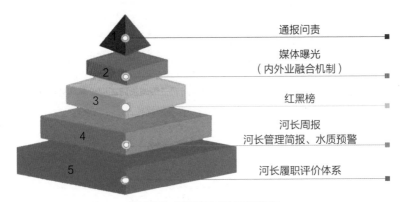

图 4.24　层层压实河长履职措施

2017 年起，广州市河长办在广州河长 APP 中设立红黑榜，通报河长履职优秀或较差的情况。通过电话随机抽查和分析河长周报中履职数据的连续性变化，来监控河长履职变化趋势，对河长的巡河轨迹、责任河涌水质、下级河长履职情况等多方面进行评估，对履职优秀、分级管理到位和积极推进治水工作的河长利用红榜进行示范表彰，为广大河长树立优秀榜样，带动全体河长更好履职；对河长履职不到位、应付式巡河、打卡式巡河、上报问题避重就轻、分级管理不力、问题推进不力等情况利用黑榜进行公开督促和提醒，同时为全体河长作出履职警示。截至 2019 年 9 月，广州市河长办依托广州河长管理信息系统数据分析，共选取 211 名优秀河长及 338 名履职不力河长并发布于系统内的红黑榜专栏（见图 4.25）。

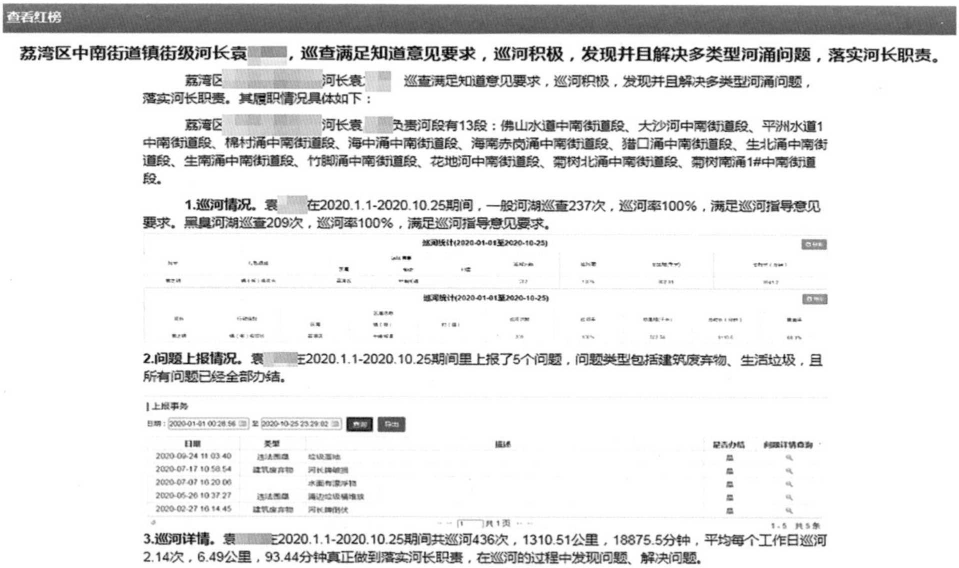

图 4.25 红黑榜河长详情

河长曝光台基于黑榜上榜河长，每月定期通报履职差的河长。利用广州河长管理信息系统中丰富、多元的河长履职基础数据，对黑榜曝光的河长进行深入分析，查找河长履职过程中不到位的蛛丝马迹，并对河长管理保护的河湖进行现场核查，以内业数据分析与外业现场巡查相结合的方式，对履职较差的河长进行深度曝光。例如，广州市河长办利用河长管理信息系统监测到镇（街）级河长黎某在 2019 年 1 月 21 日至 6 月 2 日期间，巡河不符合指导意见要求且没有上报过问题，在河长 APP 黑榜中予以初次通报，由于履职不良情况较严重，市河长办结合这位河长在 APP 的履职数据，安排巡查人员现场对河长所辖河湖情况进行复核，发现河湖存在两岸违法建设、环境脏乱等问题，且水质有一定黑臭的情况。通过内业数据分析与外业河湖现场复核，广州市河长办查实了该河长的不良履职情况，通过曝光台对黎某了进行曝光，并对该河长启动了媒体曝光。从初次提醒、预警到问责曝光逐级向河长传导压力，在 7 月 1 日至 9 月 29 日期间，黎某巡河率大幅提高并上报了 23 个问题，履职意识及履职水平较被通报前有了显著提升。

5 | 长效篇
CHANGXIAO PIAN

　　消除河涌黑臭是广州落实河长制的当前任务，但随着河涌黑臭状况的改善，如何长效保障河涌良好水质、河长履职走深走实，值得思考。本章从组织领导、工作机制、考核问责、监督管控等方面进行大胆探索，提出河长管理要"四个转变"：从管理为主向管服并重转变、从趋同化履职向差异化履职转变、从责任压实向奖罚并重转变、从河长为中心向全民参与治水转变，从而深化对河长的管理，实现黑臭河涌"长治久清"的目标（见图 5.1）。

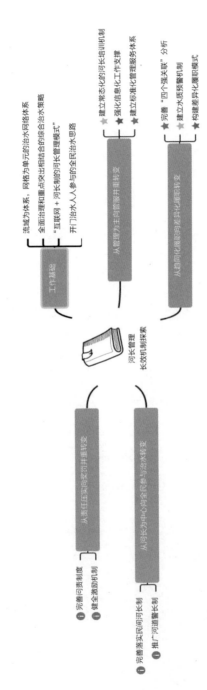

图 5.1 长效篇导读图

5.1 夯实工作基础

5.1.1 坚持河长治水，构建河湖管理新模式

近年来，广州市河长办以河长制湖长制为重要抓手，按照"控源、截污、清淤、补水、管理"的治水思路，统筹推进水环境治理各项工作，全面推进落实河长制湖长制有名有实，目前，广州河长制建设已趋于完善。

按照"每条河流都要有河长"的要求，全市已落实河长 3030 名，落实湖长 673 人，并设立了民间河长作为政府河长的一种补充，全市 1368 条河流河涌、49 个湖泊、63 座山塘、324 座水库均已落实河长，这些河长上至市级领导、各区领导，向下延伸至镇（街）基层干部，实现了全市所有河湖和小微水体的全面覆盖、多层次全覆盖。同时，构建完善的河长责任体系，建立健全河长责任、发现问题、解决问题、监督考核、激励问责五大机制，建立河长巡查、会议、督办等 25 项配套制度，不断提高河长政治站位，主动作为，实现从"要我管"到"我要管"，再向"要管好"转变。实施"市、区、镇（街）、村（居）"四级河长制以来，为全市河湖的"长治久清"提供了有力保障。

5.1.2 坚持综合施策，全面治理和重点突出相结合

广州市河长办在长期治水实践中，逐渐总结出了较为成熟的水污染治理技术手段，可归纳为控源截污、内源控制、生态修复、活水保质四大方面。控源截污和内源控制是黑臭水体治理的基础工作，也是治理的重点工作，通过截污纳管、面源控制、底泥疏浚等措施减少外源和内源污染物进入水体，从根源上阻断减少污染；生态恢复是水质长效保持措施，通过提高水体的自净能力和恢复水体及底泥的生态系统，实现黑臭水体的"长治久清"；活水保质是水中污染物负荷削减的重要补充手段，通过清除植物浮床等手段进一步降低氮磷等污染物水平。

问题在水里，根源在岸上。据统计，在污染贡献方面，城中村类排水单元污水量贡献占比最大，为55%。近年来，广州市河长办在全国省会以上城市率先重点攻坚城中村治污，把控制城中村污水排放作为黑臭水体治理工作的重中之重，以"污水全收集、初期雨水有效控制"为原则有序推进城中村截污纳管工作。目前，广州市已累计完成第一、二批共97个城中村截污纳管工作，铺设4976千米污水管。第三批44个城中村截污纳管工程已埋设污水管约两千多千米，接下来，要继续聚焦城中村治污重点，落实治污工程建设、"散乱污"场所整治、排水单元达标、违法建筑拆除等重要工作。

5.1.3　坚持科技支撑，信息化助力河长精细化管理

近年来，广州市河长办率先推行"掌上治水"模式，开发应用广州河长APP、排水巡检APP等信息化系统及终端工具，搭建了一个河长日常事务管理和市民举报水污染问题的平台，形成了统一高效的河长巡查精细化管理制度，让"互联网＋河长制"落地生根。

广州河长制工作覆盖全市1368条河流河涌，串接市、区、镇（街）、村（居）各级河长、用户1万余名，串接各级河长办180余个，各职能部门600余个，各级河长累计巡河超140万次，完成事务处理超10万件，该做法在水利部第140期《河长制工作简报》及广东省水利厅第48期《全面推进河长制工作专刊》上刊发，实现"河长巡河、河长督察、公众监督"多层次功能，有效提升了河长管理效率及履职水平。树立服务河长理念，开发应用"广州河长培训小程序"，更好地培训河长、服务河长。

5.1.4　加强公众参与，发挥百姓监督作用

百姓是受黑臭水体影响的直接"受害者"，也是消除黑臭水体、水环境提升的根本"受益者"，因此对黑臭水体治理的全过程应当拥有知情权、表达权和监督权。住房和城乡建设部、环境保护部印发的《城市黑臭水体整治工作指南》

（建城〔2015〕130号）特别强调了百姓的监督作用，要切实让百姓全过程参与到城市黑臭水体的识别、治理和评价中，监督地方政府对黑臭水体整治的成效。

广州市河长办积极推动公众参与治水监督，拓宽参与渠道，并大力开展治水宣传活动。建立民间河长制度，发动热心市民参与到水环境治理中。2019年以来，在中央、省、市各大媒体发布稿件430余篇，《广州市全面推行网格化治水用"绣花"功夫落细落实河长制湖长制》《广州市坚持"掌上治水＋强化问责"让河长制"长牙齿"》被水利部网站专题转载。积极发动社会力量参与监督，聘任民间河长937人，总结推广海珠区河道警长，天河区、荔湾区民间河长经验，增强公众保护河涌的责任意识和参与意识，建立违法举报平台，有奖举报非法排污行为，进一步形成共建共治共享的"全民护河"格局。截至2020年4月，共有民间河长1119人，3972名党员认领559个河湖。设立"广州水务""广州治水投诉"等微信公众号，接受公众监督与投诉。在《人民日报》、新华社、水利部网站等主要媒体，重点策划了河湖警长制、民间河长、河湖"清四乱"、千里碧道、农村改水等系列宣传活动，全方位宣传水环境整治成效。

5.2 从管理为主向管服并重转变

河长是河长制得以落实的关键，开展河长管理工作是广州市河长办前期推进河长制落实的重要手段之一，通过持续的探索实践，广州市河长办逐步实现了对河长履职全过程、多方位的协助和监管，通过压力传导式的管理策略，督促河长扎实履行职责。在全面推行河长制工作从"有名"向"有实"转变的重要阶段，广州市河长办对河长履职的形式、内容和成效也不断提出新的更高的要求——河长不仅要履职，还要不畏艰难、主动积极地履职。为达成这一目标要求，不仅对河长的管理要上水平，还要为河长履职提供强有力的业务支撑和保障，以河涌治理为目标，以河长履职需求为导向，做到管理河长与服务河长并重。

5.2.1 建立常态化河长培训机制

广州市河长办有管理河长的诸多举措在前，要促进河长履职水平的全面提升，履职意识从被动向主动的转变，可以通过专业化和系统化的河长培训体系搭建，形成"培训引导在前，问责追究在后"的河长教育提醒机制，引导各级河长紧跟广州治水理念，从形式履职、内容履职向成效履职转变。

一是要搭建以各级河长与河长办为培训对象的学员体系。利用广州河长管理信息系统数据库的丰富数据积淀，建立河长履职数据沙盘，分析河长履职薄弱点，结合河长调研、政策法规等，建立履职问题细分、需求定位精准的待培训河长库，对新入职不熟悉业务、日常工作不到位、履职不积极、事务处理不规范、河涌水质不达标的河长分级分类制订培训计划。

二是要搭建以点带面的拓展式讲师体系。鼓励河长制组织体系内具备理论研究与实践经验的人员进行课程开发和授课训练，并培养一批专课专攻的讲师骨干，通过骨干讲师代教新人讲师的模式形成以点带面效果，逐步打造河长培训讲师阵营，将河长培训的触角延伸至村（居）。

三是要搭建以提高河长治河水平为目标的课程体系。围绕待培训河长履职前、履职中、履职后以及个人能力晋升等的需求，打造线上与线下、普适性与针对性、常规与专项等相结合的全方位、多形式的培训课程。

四是要搭建全过程的评估体系。为确保培训的质量和效果，可以构建从现场效果、履职跟踪到履职成效的三段式评估体系，为讲师改进提升、课程优化更新、培训机制完善提供反馈。

五是要完善河长培训的保障措施。为确保河长培训的常态化和规范化开展，要成立河长培训工作专班，组织落实河长培训；要建立培训对象筛选机制和培训成效跟踪机制，确定培训对象，保障培训成果落地；要成立课程研发小组，负责编制与河长培训目标相符的课程。

5.2.2　强化信息化工作支撑

近年来，广州市河长办深入贯彻落实网络强国战略思想，抓住国家实施大数据发展战略的新机遇和"互联网+"的时代潮流，紧紧围绕新时期治水思路，以发展数字化、网络化、智能化的"互联网+"产业新业态为抓手，建设了五位一体的广州河长管理信息系统，丰富拓展了河长履职、部门联动、公众参与、社会监督渠道，实现了对河长制湖长制基础信息、动态信息的有效管理，为全面科学推行河长制湖长制提供了管理决策支撑。

下一步，为进一步保障支持各级河长湖长履职尽责，广州市河长办应以全方位辅助河长履职为努力方向，强化河长履职的信息化管理水平，实现对河长的科学、动态、规范的管理及服务。

一是要建立"一长一档"，加强河长管理工作的基础支撑。以各级河长为单元建立履职档案，对河长任离职、管辖河湖、管辖下级河长等基础信息和巡河、问题上报、问题处理、下级河长管理、激励问责、社会监督、学习培训等动态履职信息进行跟踪建档，为河长管理搭建一个履职查询有记录、统计分析有数据、激励问责有依据的平台，并作为干部使用管理的重要参考。

二是要建立履职监管一张图，实现河长履职监管调度可视化。以指挥作战一张图为基础，构建河长履职监管闭环，对河长履职数据进行实时统计分析，分区域、分流域、分层级对河长巡河、河湖问题、水质等情况及时预警，实现电子地图、河长 APP 工作台的信息联动，建立有效的分级预警和联合调度。

三是要建立智慧化巡河计划生成平台，提升河长巡河效率。通过基于系统现有的"河长－河段－问题（盆）－水质（水）"的四者关联分析，结合河长管辖河湖数量、巡河要求，为河长生成智慧化的巡河路线，助力河长合理开展巡河，减少漏巡、重复巡河、无效巡河等行为。

5.2.3 建立标准化管理服务体系

为了优化基础治水模式，提升各级河长履职能力，系统化、精细化地推进河长制工作，需要规范河长履职过程，形成标准化的服务和管理模式。结合广州河长管理服务工作现状，可以通过构建"一系统、一档案、一指标、一张图、一培训"的"五个一"标准，实现对河长的"一条龙式"管理和服务。

"一系统"即广州河长管理信息系统，通过系统采集全市各级河长的履职全过程数据，形成大数据基础。"一档案"即为全市各级河长建立河长跟踪档案，达到对河长履职前、中、后内容的全阶段有据可查的目标。"一指标"即建立面向区、镇（街）、村（居）三级河长的《广州河长履职评价指标体系及评价方法》，分类量化河长履职行为，形成对河长履职形式、内容和成效的全方面多维度评价。"一张图"即建立履职监管一张图，通过对河长履职指标的实时统计和关联分析，实现对履职不到位河长、区域、流域的及时预警，为管理单位和部门提供决策指引。"一培训"即建立河长常态化培训机制，通过对履职薄弱河长进行培训，引导河长增强自身能力，提升履职水平。

5.3 从趋同化履职向差异化履职转变

广州市水系发达，江河湖泊众多，每条江河、每个湖库的实际水情况各不相同，河长履职也应当因地制宜、因水施策，具备一定的灵活性。前期广州的河长管理工作以河长管理信息系统为基础，对河长日常工作、下级监管等方面进行评价，并根据河涌年度考核水质设定了一套评价标准，对河长履职提出相应的规范性要求。随着河长工作推进，以及河湖水质、周边环境变化等，应当以所辖河湖的实际情况为重要动态考量因素，推动河长开展河湖管理保护工作，激发河长履职积极性，丰富河长内容履职、成效履职的监管内容和手段，促使河长履职提质增效。

一是要深化"四个强关联"分析，强化河长履职监管。通过深化"河段－河长－问题（盆）－水质（水）"四个强关联分析，一方面，社会公众对河段水质和污染问题进行监督，从源头找出影响水质的因素，形成对河长履职内容与成效的参考；另一方面，管理部门和单位以系统监控的河湖水质为导向，重点关注水质差、问题多的河涌，反向监督河长履职情况。首尾同时发力，对河长履职形成监督形式多样、分析精准深入、评价维度多元的管理。

二是要建立水质预警机制，强化河长内容与成效履职。目前，广州市河长制工作取得了197条黑臭河涌整治的阶段性成效，如何在水质消除黑臭之后，巩固提升来之不易的治水成效，是广州市河长办要面对的新的治水形势和问题。接下来，广州市河长办应着眼于消除黑臭后防止反弹的长效机制，以河涌水质为根本立足点，利用广州市城市排水监测站每月对监测河涌的多点取样数据，结合市巡查、市民上报的重大问题，建立河涌水质预警机制，强化四种管理中的调度、预警管理，根据不同的预警情况，对河涌开展有针对性的治理工作。

三是要建立差异化履职模式，鼓励河长灵活履职。以水质预警为导向，将河长履职目标锁定为水质不反弹、稳中有进，个性化、有针对性对河长履职要求进行调整，形成动态调度，使河长履职工作要求更贴近河涌实际情况，在根据工作量及工作难度合理安排河长的基础上，为整治后水质良好的相应河涌河长减轻负担，压实河涌水质长期、反复黑臭河长的履职。通过差异化的履职模式，调动河长解决水环境问题的积极性，促进河长从"形式履职""内容履职"到"成效履职"转变。

5.4 从责任压实向奖罚并重转变

河长制是地方首长责任制，履职尽责是地方对河长的基本工作要求。为了压实河长责任，广州市河长办创新多项举措，及时发现河长履职不符合规范、水质恶化等情况，并对相关责任人进行通报、约谈，通过问责传导履职压力，倒逼河长履职到位。压力是推动河长履职的重要手段，持续的压力则不然。为了避免问责制度的僵化，2018 年 11 月，中共广州市委办公厅印发《关于强化河长责任打赢黑臭水体剿灭战的意见》（穗厅字〔2018〕28 号），提出要"坚持严管与厚爱相结合，落实激励监督保障措施"，将正向激励与负面惩戒有机结合起来，让落实广州河长制从责任压实为主向奖罚并重转变。

5.4.1 完善问责制度

以现有的问责制度为基础，从结果与过程两个方面完善问责制度。第一，以问题导向为原则，对已消除黑臭的水体建立水质预警方案，依照方案对水质持续变差或反复黑臭河段对应的河长进行问责，以水质变化情况完善分级分层问责制度。第二，通过信息化手段全面掌握河长履职过程，以具体信息数据为依据，对履职不力的河长进行问责。结合各级河长履职实践经验推动完善河长问责制度，酌情使用容错纠错机制，督促并鼓励河长正确履职。

5.4.2 健全激励机制

建立应用多种激励模式的激励机制，大力选树先进典型。一是建立健全人事使用提拔与治水效果相挂钩的机制，建立能者上、庸者下的用人制度，把治水考核结果作为领导干部综合考核评价的重要指标，对表现优秀、实绩突出的区级、镇（街）级河长、村（居）级河长，予以提拔重用或表扬奖励，调动河长履职积极性；二是探索实行"河长制 + 绩效"的管理模式，结合履职考核体系，以整治实效为重要依据，对积极履职的村（居）级河长予以一定的经济奖励，调动基层河长尽责履职。

5.5 从河长为中心向全民参与治水转变

河长制的全面落实在河湖治污、水质改善方面有较大成效，但单一行政治理手段有其局限性，很难形成可持续的长久之策，只有更广泛地引入社会主体参与治理，才能弥补政府管理的不足。因此，应不遗余力地在治水相关政策的各环节中提高公众参与的水平，建立公众参与和政府主导的有效连接，形成政民合力、社会共治模式。

一是完善落实"民间河长制"。"民间河长制"所体现出来的公众参与及以此为基础的社会治水力量成长，体现着流域治理在推进共治共享方面的进步。广州各区河长办均因地制宜地进行民间河长的探索实践，也涌现出不少成功案例与经验，但并未建立相应的配套制度，如建立民间河长的"权责利"、民间河长与河长的监督与反馈制度，从而进一步调动公众的环保热情和积极性。首先，制定招募规章，广泛招募及支持民间河长志愿者，"民间河长"的选拔面向区域内的所有公众，可采取民主投票或举荐产生；其次，对"民间河长"开展专门培训，培训内容包括河长职责，治污的工作方法、工作制度和工作内容，以及城市河湖治理相关知识等；第三为官方河长和民间河长建立有效沟通联络机制，如建立线上微信群交流反馈情况，建立线下定期联合巡河的机制。线上联动及时获知民间河长发现的河流污染情况，线下联动促进实质问题的确认、溯源和实际解决，促进属地管理方加快反应，共同处理解决相关问题。大力加强治水的公众参与，支持更多的民间河长参与到治水的全过程中，并促进民间河长与官方河长的沟通联动，增强民间河长的荣誉感与社会责任感。

二是推广"河道警长制"。通过将公安部门纳入治水队伍，在全市推广河道警长模式，发挥公安部门职能优势，查处涉河涉水违法行为，有效打出河湖长+"河湖警长"的组合拳，对违法排污等犯罪行为形成极大震慑作用。以广州白云区的成功经验为例，民警在日常出警巡查中，留意河湖两边涉嫌违法排污的情况。巡查发现问题后，由白云区的河道警长反馈到民警所在镇（街）河长办，河长办再根据问题的性质归口到具体的职能部门进行跟踪处理，有效地推动治水工作。发挥"民间河长"和"河道警长"在信息搜集、观念引导、意见征集、多元监督上的优势，共同助力流域治理。

　　三是整合治水志愿服务力量。由市河长办牵头抓总，市生态环境局、市水务局、市农业局等职能部门配合，一方面，联系协调志愿服务相关部门、单位、组织，衔接"i志愿""党员i志愿"等志愿服务平台，发布相关治水、巡河志愿服务项目，鼓励更多河涌流经的社区志愿者、党员参与到水环境治理行动中来；另一方面，与学校、企业、事业单位等建立合作，动员学生、老师、企业员工及单位干部广泛参与到治水行动中来，并对作出突出贡献的典型人物及典型单位进行通报宣传，增强社会公众爱水护水的主人翁意识，进一步深化形成共建共治共享的新时代治水新格局。

5.6 从全面消除黑臭到巩固提升治水成效转变

近年来，广州河长制先行先试落实"形式履职"，全力以赴落实"内容履职"，不断完善促进"成效履职"，水环境治理取得了阶段性成果。截至 2020 年第一季度，广州全市列入国家监管平台的 197 条黑臭河涌已经全部消除黑臭，13 个国考省考断面全面消除劣 V 类水质；车陂涌、景泰涌、晓港湖整治等入选全国治水典型案例；2019 年广州市统计局民调结果显示，市民认为工作成效最为显著的是黑臭河涌治理，位列建设花城成效显著各项工作的第一位；2019 年 7 月，广州市获得广东省全面推行河长制湖长制工作考核"优秀"等次。可以说，近年广州治水最大成效是基本消除了黑臭水体、整体提高了水岸环境，未来，进一步全面落实河长制湖长制的工作目标应向巩固提升治水成效转变。

5.6.1 河长履职从主涌扩展到边沟边渠

近年来，广州市河长办着力推动全市 197 条黑臭河涌治理工作，目前已取得阶段性成效，197 条黑臭河涌已告别黑臭。要大河净，先要小河清，支涌支渠、小微水体作为城市水系的毛细血管，其水质情况直接影响主要河湖的水环境质量。广州市河长办登记在册的小微水体共有 4389 宗，其中黑臭水体 168 宗，亟须进行整治。

一是要全面摸清、拔除边沟边渠污染源。各级河长应重点关注河涌两岸违法建筑、"散乱污"场所等，进一步深入开展河湖"清四乱"工作，落实"关停取缔、整合搬迁、升级改造"三个措施，着力拆除涉河违法建设，坚决拆除关停排放工业废气、废水、废物或属民宅办厂的"散乱污"场所，做到"两断三清"（断水、断电、清场地、清设备、清污染），督促搬迁整改无排放或排放少量污水的"散乱污"场所。

二是要深入开展清污分流改造工作。各级河长应积极落实排水单元达标创建工作，在完成建筑物清污分流改造的同时，紧盯合流渠箱整治，查清污水口并及时截污，保障"清水入河、污水进厂"，系统谋划污水处理的提质增效。

三是要加快开展农污整治工作。各级河长应做好"监督人""吹哨人"的角色，监督农污处理设施运行养护行为，对污染严重河湖及时吹哨、溯源排查，确保农村污水集中收集、集中处理、长久发挥治污实效。

5.6.2 河长考核挂钩水体污染动态评估

水环境治理工作开展以来，各地紧紧围绕达到国家、省各项考核要求的工作目标，不断建立健全工作机制、紧密落实工作部署，全力确保治理成效顺利达标。当前阶段，达到考核目标只是完成了刚性任务，保障了水环境的基础质量，下一步，应是探索总结出一套行之有效的长效机制，长久、实时保障水环境质量稳中有进、稳中向好。

目前，广州市河长办已经在黑臭水体动态评估方面进行了一些有益探索，印发实施《广州市河长制办公室关于建立黑臭河涌动态评估及增补机制的通知》，对水质反弹风险较大的黑臭河涌进行重点督办，实现"以评促稳"。现阶段，广州水体污染评估重点标准是"黑臭线"，要保障黑臭水体治理成效不反弹、稳中向好；再进一步，评估标准可定为"水质线"，即Ⅰ类、Ⅱ类、Ⅲ类、Ⅳ类、Ⅴ类水，同时，考虑水岸生物族群、市民满意度、经济效应、城市规划等方面，划定"生态线""效益线""人居线"等，定期对河长制落实成效进行动态综合评估。在评估手段上，结合河长管理信息系统，借助水质检测器、无人机等硬件设施，首先对纳入国家监管的197条黑臭河涌实现关键河段实时水质监测、问题发现分析、成效动态评估等，并逐步扩展至全市197条黑臭河涌，将相关动态评估情况作为河长履职评价的关键指标之一，通过水质动态评估与河长履职挂钩，以成效考评传达履职压力，督促河长履职。

5.7 从制度建设向文化涵养转变

在人多水少的现实国情之下，全社会节水意识不强、用水粗放、浪费严重，水资源短缺造成的供需矛盾是我国面临的共同问题。"节水即治水，治水在治人"，节水作为解决我国水资源短缺问题的重要举措，贯穿经济社会发展的全过程和各个领域，在河长制"水资源保护"工作任务中落实最严格水资源管理制度、实行水资源消耗总量和强度双控行动、制定各类节水标准、加强水环境功能区管理监督等制度建设的基础上，应着力增强全社会节水意识，提倡节水优先、节能减排，减少浪费行为，提高用水效率，形成全社会节水的良好风尚，以加快生态文明建设和实现经济社会可持续发展。

一是提升民众节水意识，从基础设施支撑、意识、行为三个层面，促进人们日常行为和生活方式转变。在加强供水、污水处理等生活用水设施改造的基础上，加强国情水情教育，逐步将节水纳入城市宣传、中小学素质教育中，充分利用各类媒体和传播手段，将节约用水宣传活动推进企业、校园、社区、家庭，向全民普及节水知识。积极组织开展志愿者活动、节水社会实践活动等，倡导绿色消费，节水行为，提高全民节水意识，制定节水相关行为规范，鼓励将节水行为落到市民生活的方方面面。

二是提升企业节水意识，优化社会生产方式。强化科技支撑，政府鼓励企业加大节水装备及产品研发、设计和生产投入，推动先进适用节水技术与工艺和企业生产的有效结合。实施水效领跑，严控高耗水企业用水，树立节水先进标杆，提高节水型企业竞争力。

附录
FULU

广州市推行河长制工作相关文件名录

[1] 《中共中央办公厅 国务院办公厅印发〈关于全面推行河长制的意见〉的通知》（厅字〔2016〕42号）

[2] 《水利部印发关于推动河长制从"有名"到"有实"的实施意见的通知》（水河湖〔2018〕243号）

[3] 《中共广东省委办公厅 广东省人民政府办公厅关于印发〈广东省全民推行河长制工作方案〉的通知》（粤委办〔2017〕42号）

[4] 《住房和城乡建设部 环境保护部关于印发〈城市黑臭水体整治工作指南〉的通知》（建城〔2015〕130号）

[5] 《国家节水行动方案》（发改环资规〔2019〕695号）

[6] 《广东省节水行动实施方案》（粤水节约〔2019〕11号）

[7] 《广东省"互联网＋现代水利"行动计划》（粤水办汛技〔2017〕6号）

[8] 《中共广州市委办公厅印发〈关于强化河长责任打赢黑臭水体剿灭战的意见〉的通知》（穗厅字〔2018〕28号）

[9] 《广州市水环境治理现状与对策研究》（第80期处理领导干部进修班第4组）

[10] 《广州市全面推行河长制实施方案》（穗办〔2017〕6号）

[11] 《广州市全面剿灭黑臭水体作战方案（2018—2020年）》（穗府办函〔2018〕133号）

[12] 《广州市水污染防治强化方案》（穗府办函〔2018〕83号）

[13] 《广州市治水三年行动计划（2017—2019年）》（穗府办函〔2017〕91号）

[14] 《广州市农村污染治理作战方案（2018—2020年）》（穗农〔2018〕120号）

[15] 《广州市强化"散乱污"场所清理整治行动方案》（穗府办函〔2018〕188号）

[16]《广州市实行最严格水资源管理制度考核办法》(穗府办函〔2018〕11号)

[17]《广州市全面推行河长制市级河长会议制度（试行）》(穗河长办〔2017〕40号)

[18]《广州市全面推行河长制工作督察制度（试行）》(穗河长办〔2017〕41号)

[19]《广州市全面推行河长制工作督办制度（试行）》(穗河长办〔2017〕51号)

[20]《广州市全面推行河长制工作重大问题报告制度（试行）》(穗河长办〔2017〕105号)

[21]《广州市河长制考核办法（试行）》(穗河长办〔2017〕47号)

[22]《广州市河长湖长巡查河湖指导意见》(穗河长办〔2018〕562号)

[23]《广州市河长制办公室关于建立河湖长谈话提醒制度的通知》(穗河长办〔2018〕197号)

[24]《广州市河长电话接听及处理工作指引》(穗河长办〔2017〕80号)

[25]《广州市河长制投诉举报受理和办理制度》(穗河长办〔2017〕89号)